飞机机电设备维修专业系列丛书

飞机钣金与铆接技术

吴 乔 苟德森 马 超 主编

航空工业出版社

北 京

内 容 提 要

本书共五个模块，主要介绍飞机钣金与铆接技术中常用到的设备和工量具的使用、维护、保管方法，飞机钣金与铆接中的划线、下料修锉、钻孔、锪窝、铆接、折弯等基本技能训练，密封铆接、高锁螺栓安装和飞机钣金铆接技能竞赛等方面的内容，为学生后续进行飞机金属结构修理学习和在机务工作岗位上进行飞机金属结构制造与装配提供技能铺垫和实践操作能力。本书在各项目主任务下穿插小的学习任务，及时检验学生学习效果，在学习任务下还穿插了机务实际工作案例，帮助学生树立"航空报国心、航空强国梦"，培养学生爱岗敬业、精益求精的工作精神，养成质量是检验一切工作的唯一标准、机务工作无小事的工作态度，养成严慎细实的工作作风，将课程思政润物细无声地融入教材，提升育人水平。

本书可供职业院校飞机机电设备维修、飞行器制造技术、无人机应用技术、航空发动机维修技术专业的学生进行飞机钣金铆接实训使用，也可以作为鉴定机构飞机铆装工技能等级鉴定培训或相关工程技术人员的参考用书。

图书在版编目（CIP）数据

飞机钣金与铆接技术／吴乔，苟德森，马超主编
. ‒‒北京：航空工业出版社，2023.5
 ISBN 978‒7‒5165‒3330‒7

Ⅰ.①飞⋯　Ⅱ.①吴⋯ ②苟⋯ ③马⋯　Ⅲ.①飞机‒钣金工‒教材②飞机构件‒铆接‒教材　Ⅳ.①V261.2②V262.4

中国国家版本馆 CIP 数据核字（2023）第 057675 号

飞机钣金与铆接技术
Feiji Banjin yu Maojie Jishu

航空工业出版社出版发行
（北京市朝阳区京顺路 5 号曙光大厦 C 座四层　100028）
发行部电话：010‒85672675　010‒85672678

北京富泰印刷有限责任公司印刷　　全国各地新华书店经售
2023 年 5 月第 1 版　　　　　　　2023 年 5 月第 1 次印刷
开本：787×1092　1/16　　　　　　字数：328 千字
印张：13.75　　　　　　　　　　　定价：48.00 元

编委会

主　编　吴　乔（成都航空职业技术学院）

　　　　苟德森（成都飞机工业集团有限责任公司）

　　　　马　超（成都航空职业技术学院）

副主编　王昌昊（成都航空职业技术学院）

　　　　陈　刚（北京飞机维修工程有限公司）

参　编　周　瑜（成都航空职业技术学院）

　　　　李　斌（成都航空职业技术学院）

　　　　李培书（成都航空职业技术学院）

　　　　蔡　振（四川航空股份有限公司）

近年来，随着国家对航空业的重视程度和投入力度的增加，大批新技术、新工艺、新材料在航空器上广泛使用，航空业对新型的高技能技术人才需求也明显增加。在现代机械制造技术不断发展的今天，钣金铆接这个有着悠久历史的职业仍然在航空业上大放光彩，同时行业也对钣金铆接技术提出了更高的要求。为了适应钣金铆接技术人员的培训学习以及职业技术学校、技工学校进行钣金铆接实训的教学需求，在原校本教材的基础上编写了此书。

本教材编写以飞机机电设备维修专业教学标准和专业人才培养方案为依据，结合航空企业飞机铆装钳工职业技能标准，以钣金铆接基本技能工作任务为引领，充分体现了以技能训练为目的，将相关知识目标、技能目标、素质目标紧密结合。本教材依据"以应用为目的，以强化应用为教学重点"的原则，为后续技能提高奠定基础，通过工作任务分工的形式，体现职业教育工学结合，基于工作过程、理论与实践一体化的课程教学方法，突出对学生应用能力和综合素质的培养。

本教材将内容分为钣金铆接常用工量具使用、普通铆接基本技能训练、密封铆接训练、高锁螺栓连接训练、飞机钣金铆接技能竞赛模块，选例典型，工艺知识安排合理；还结合航空机务实际工作，将课程思政内容融入教材，对实现思政育人有明显的帮助作用。在技能训练上，本教材增加了技能操作二维码，通过扫码可以观看操作视频，学习更加直观。本教材可供职业院校飞机机电设备维修、飞行器制造技术、无人机应用技术、航空发动机维修技术专业的学生进行钣金铆接实训使用，也可以作为鉴定机构飞机铆装钳工技能鉴定培训或相关工程技术人员的参考用书。

本书由成都航空职业技术学院吴乔、马超和成都飞机工业集团有限责任公司苟德森任主编，成都航空职业学院的王昌昊和北京飞机维修工程有限公司的陈刚任副主编，成都航空职业技术学院的李培书、周瑜、李斌和四川航空股份有限公司的蔡振参编。在编写过程中借鉴了同类教材及国内外同行有关技术资料、技术标准，在此对相关人员致以衷心的感谢。

虽然编者多年从事钣金铆接实训教学，在编写过程中本着认真负责的态度，力求精益求精，但由于水平有限，书中难免存在错漏与不足，恳请广大读者不吝赐教，对书中不妥之处予以指正。

编　者
2022 年 8 月

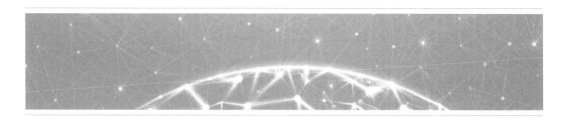

CONTENTS | **目 录**

模块一　钣金铆接常用工量具使用

知识目标

◎熟悉钣金铆接常用工具的使用方法和安全注意事项。

◎熟悉钣金铆接常用量具的结构及工作原理。

◎掌握常用量具的读数方法、使用方法及注意事项。

◎掌握工具、量具检查和清点方法。

◎掌握工具、量具规范管理方法。

能力目标

◎能够正确使用工具。

◎能够对量具测量结果进行准确读数。

◎能够对工具进行规范管理。

◎能够按照工具三清点要求清点工具、量具。

◎能够对工具、量具进行正确保养。

素质目标

◎通过工具、量具规范管理，使学生树立遵守制度意识。

◎通过工具清点，使学生建立机务工作无小事的安全意识。

◎通过工具的正确使用及航空安全案例，建立安全意识。

◎通过量具使用，培养学生精益求精、严谨负责、质量就是一切的工匠精神。

◎通过对工具、设备的维护保养和场地卫生整理，使学生具备劳动意识、劳动技能等劳动品质。

项目一　常用量具使用

任务引入

某厂所承接了某零件（图1-1-1）的生产任务，生产的零件需要小王带领质检小组进行抽检，首先要对零件尺寸进行测量，应该如何完成呢？

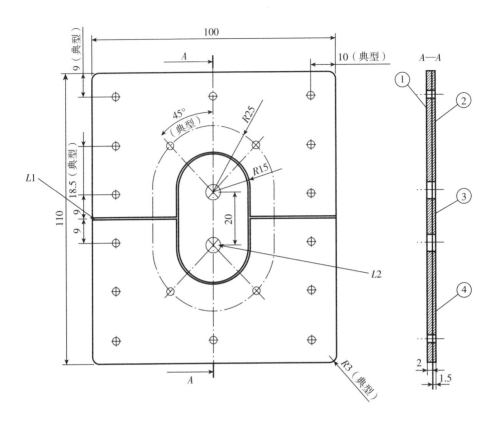

图 1-1-1　零件尺寸图

🔍 想一想

使用量具前应对量具进行哪些检验工作？对航空机务工作来讲，具有什么意义？

📠 前导知识

一、常用量具

（一）钢直尺

钢直尺是最简单的长度量具，它的长度有 150mm、300mm、500mm 和 1000mm 四种规格。图 1-1-2 是常用的 150mm 钢直尺。

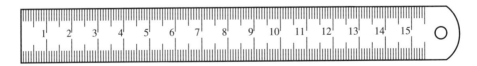

图 1-1-2　钢直尺

钢直尺用于测量零件的长度尺寸，如图 1-1-3 所示，它的测量结果不太准确。这是由于钢直尺的刻线间距为 1mm，而刻线本身的宽度就有 0.1 ~ 0.2mm，因此测量时读数误差比较大，只能读出毫米数，即它的最小读数值为 1mm 或者 0.5mm。

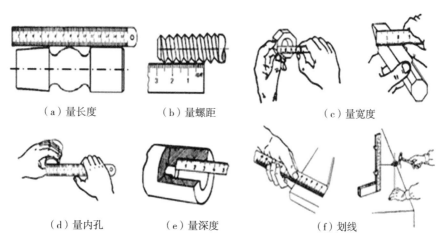

（a）量长度　　　　（b）量螺距　　　　　（c）量宽度

（d）量内孔　　　　（e）量深度　　　　　（f）划线

图 1-1-3　钢直尺的使用方法

如果用钢直尺直接去测量零件的直径尺寸（轴径或孔径），则测量精度更差，因为除了钢直尺本身的读数误差比较大以外，钢直尺还无法正好放在零件直径的正确位置。所以利用钢直尺和内外卡钳配合起来测量零件的直径尺寸会更精准一些。

（二）直角尺

直角尺又称 90° 角尺，用来检验直角和划垂直线，加工时用来找正工件与夹具的位置，安装设备时又用来检验零件和部件间的相互垂直位置，结构简单、使用方便。常用的直角尺有刀口直角尺（图 1-1-4）和宽座直角尺（图 1-1-5）。

图 1-1-4　刀口直角尺　　　　　图 1-1-5　宽座直角尺

使用直角尺时，首先用短边紧贴基准面，然后观察零件被测表面与直角刀口边之间光隙的大小和位置，来判断零件的表面是否垂直和倾斜方向，也可以用塞尺量出间隙的数值。

宽座直角尺可以用来划平行线，如图 1-1-6 所示。刀口直角尺一般用来测量垂直度，如图 1-1-7 所示，使用刀口直角尺测量工件时，可将工件放于平板上，然后慢慢在平板上移动直角尺的基准面，使测量边紧靠工件测量面，避免刀口直角尺与工件碰撞。观察工件与直角尺的测量面光隙的大小，判断被测工件角度相对于 90° 的偏差。

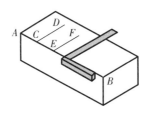

图 1-1-6　使用宽座直角尺划平行线

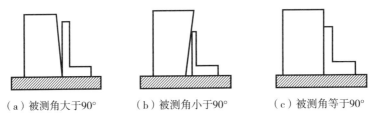

（a）被测角大于90°　　　（b）被测角小于90°　　　（c）被测角等于90°

图 1-1-7　使用刀口直角尺测量垂直度

【TIPS】

直角尺的使用注意事项

（1）使用前应先清除工件棱边上的毛刺，并将工件测量位置和直角尺擦干净。

（2）使用时，要避免直角尺的尖端和工件表面相碰，防止损坏工件和直角尺。

（3）使用时，不能将直角尺的刀口边在工件上拖行，这样会增大磨损，降低检测精度。

（4）不论测量内角还是外角，测量时都应先将直角尺的基准面和刀口直角尺的基准面完全贴合，然后观察光隙，从而判断角度大小。

（三）塞尺

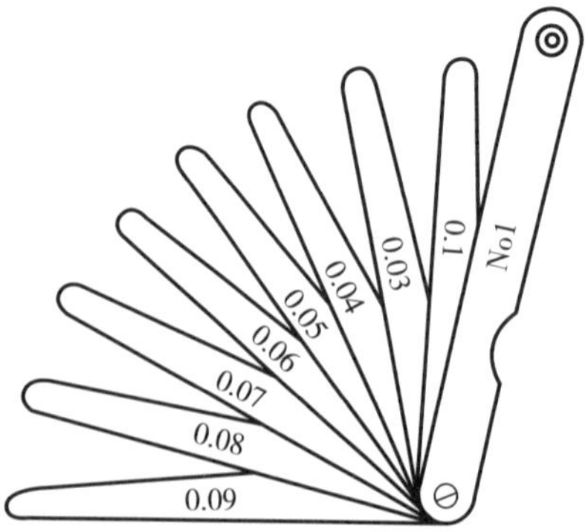

塞尺又称厚薄规或间隙片，如图 1-1-8 所示。主要用来测量两个接合面之间的间隙。塞尺由许多层厚薄不一的薄钢片组成，按照塞尺的组别制成一把一把的塞尺，每把塞尺中的每片具有两个平行的测量平面，且都有厚度标记，以供组合使用。测量时，根据结合面间隙的大小，用一片或数片重叠在一起塞进间隙内。例如，用 0.03mm 的一片能插入间隙，而 0.04mm 的一片不能插入间隙，这说明间隙在 0.03 ～ 0.04mm 之间，所以塞尺也是一种界限量规。

图 1-1-8　塞尺

【TIPS】

塞尺使用注意事项

（1）根据结合面的间隙情况选用塞尺片数，但片数愈少愈好。

（2）测量时不能用力太大，以免塞尺遭受弯曲和折断。

（3）不能测量温度较高的工件。

小任务 1：张三在飞机上工作时，需要测量两块蒙皮之间的间隙，看飞机装配是否符合要求，张三选择了塞尺，请你告诉张三应该如何进行测量？

任务实施：

跟小组同学讨论，将答案写在下方。

（四）塞规

塞规是检测零件孔或槽尺寸的孔用量规，如图 1-1-9 所示。塞规的通端用于控制孔的最小极限尺寸，其基本尺寸按照孔的最小极限尺寸制造，用大写字母 T 表示；止端用于控制孔的最大极限尺寸，其基本尺寸按照孔的最大极限尺寸制造，用大写字母 Z 表示。测量时，若塞规的通端能通过零件的孔，而止端不能通过，则该零件合格，其余均不合格，如图 1-1-10 所示。

图 1-1-9　塞规

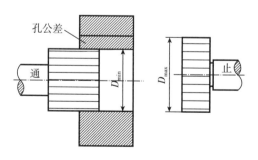

图 1-1-10　塞规测量原理

【TIPS】

塞规使用注意事项

（1）在检测前，要注意塞规上面的基本尺寸、公差代号与被测零件的基本尺寸和公差代号相同，否则会影响检测结果。

（2）测量时应使塞规的工作部分轴线与被测孔的轴线尽量同轴，同时要保证塞规与零件之间合适的接触力，如图1-1-11所示。

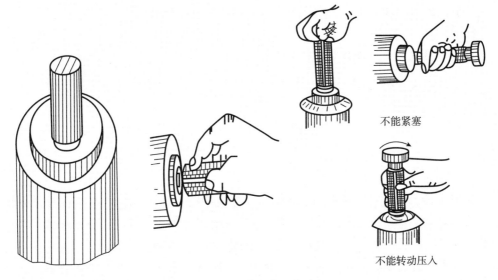

不能紧塞

不能转动压入

图 1-1-11　塞规使用方法

小任务2：在某飞机产品上需要制作一个$\phi5H9$的孔，张三使用铰刀将该孔加工完成，现在要测量孔的尺寸是否符合要求，请你告诉张三应该怎么选择量具，怎么进行测量？

任务实施：

跟小组同学讨论，将答案写在下方。

图 1-1-12　半径规

（五）半径规（R规）

检查圆弧角半径尺寸是否合格的量规叫作半径样板，简称为半径规（R规），如图1-1-12所示。半径样板可分为检查凸形圆弧的凹形样板和检查凹形圆弧的凸形样板两种。半径样板也成套地组成一组，根据半径范围，常用的有三套，每组由凹形和凸形样板各 16 片组成，每片样板都是用 0.5mm 厚的不锈钢板制造的。

【TIPS】

半径样板在使用前的注意事项

（1）半径样板在使用前要进行外观及成套性检查、各部分的相互作用试验，合格后方可使用。

（2）半径样板的测量面和非测量面应平整，不得有凸凹弯曲现象，不得有锈蚀、毛刺、碰伤等影响使用性能的缺陷。在保护板上应清晰标明样板的尺寸范围，每片样板上应标明其半径尺寸，如果半径的数值不清，则不要使用。

（3）样板与保护板的连接应能使样板绕轴心平滑地转动，无卡滞或松动现象。

半径样板的使用注意事项：检验轴类零件的圆弧曲率半径时，样板要放在径向截面内；检验平面形圆弧曲率半径时，样板应平行于被检截面，不得前后倾倒。

使用半径样板检验工件圆弧半径有两种方法。一是当已知被检验工件的圆弧半径时，可选用相应尺寸的半径样板去检验。二是事先不知道被检工件的圆弧半径时，则要用试测法进行检验。方法是：首先用目测估计被测工件的圆弧半径，依此选择半径样板去试测。若工件为凸面圆弧，当光隙位于圆弧的中间部分时，说明工件的圆弧半径 r 大于样板的圆弧半径 R，应换一片半径大一些的样板去检验。若光隙位于圆弧的两边，说明工件的圆弧半径 r 小于样板的半径 R，则应换一片尺寸较小的半径样板去检验，直至两者吻合（$r=R$），则此样板的半径就是被测工件的圆弧半径。图 1-1-13 是检查凸圆弧，图 1-1-14 是检查凹圆弧。

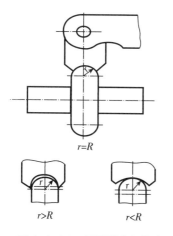

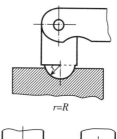

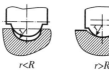

图 1-1-13　凸圆弧半径检查　　　　图 1-1-14　凹圆弧半径检查

如果根据工件圆弧半径的公差选两片（或制造两块）极限样板，对凸面圆弧，用上限半径样板检验时，允许其两边沿处漏光，用下限半径样板检验时，允许其中间漏光，均可确定该工件的圆弧半径在公差范围内。对凹面圆弧，漏光情况则相反。

小任务3：张三制作了一个飞机产品，上面有 R15 的圆弧，请你告诉张三应该如何进行测量圆弧才符合要求？

任务实施：

跟小组同学讨论，将答案写在下方。

（六）游标卡尺

游标卡尺是一种中等精度的量具，优点是结构简单、使用方便、测量范围大，可以直接测量零件的外径、内径、长度、宽度、深度和孔距等尺寸。

游标卡尺的测量范围：三用游标卡尺有 0 ~ 125mm 和 0 ~ 150mm 两种，精度有 0.1mm、0.05mm、0.02mm 三种。游标卡尺结构如图 1–1–15 所示。

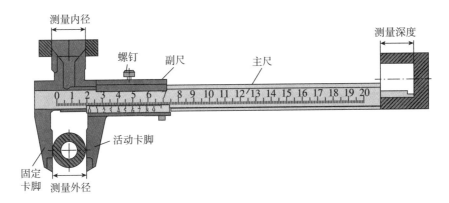

图 1–1–15　游标卡尺结构

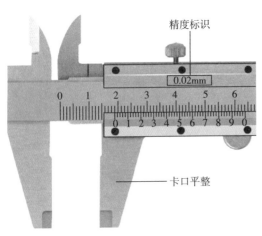

图 1–1–16　游标卡尺的主尺和游标

游标卡尺的读数原理：

游标卡尺的读数结构，是由主尺和游标两部分组成的，如图 1–1–16 所示。当活动量爪与固定量爪贴合时，游标上的"0"刻线（简称游标零线）对准主尺上的"0"刻线，此时量爪间的距离为"0"。当尺框向右移动到某一位置时，固定量爪与活动量爪之间的距离，就是零件的测量尺寸。此时零件尺寸的整数部分，可在游标零线左边的主尺刻线上读出来，而比 1mm 小的小数部分，可借助游标读数结构来读出，将主尺和游标上的读数相加即为零件尺寸读数，现将 0.02mm 精度的游标卡尺的读数原理和读数方法介绍如下。

主尺每小格 1mm，当两爪合并时，游标上的 50 格刚好等于主尺上的 49mm，则游标每格间距 =49mm÷50=0.98mm，主尺每格间距与游标每格间距相差 =1mm-0.98mm=0.02mm，0.02mm 即为此种游标卡尺的最小读数值。

游标卡尺读数方法：

（1）读整数。在尺身上读出位于游标零线最左边的整数值。

（2）读小数。用游标上与尺身刻线对齐的刻线格数，乘以游标卡尺的测量精度，读出小数部分。

游标卡尺读数方法

（3）求和。将整数部分和小数部分相加，即为被测尺寸。

游标卡尺使用方法：

（1）测量前应把卡尺揩干净，检查卡尺的两个测量面和测量刃口是否平直无损，把两个量爪紧密贴合时，应没有光线透过，同时游标和主尺的零位刻线要相互对准。这个过程称为校对游标卡尺的零位。

游标卡尺使用方法

（2）移动尺框时，活动要自如，不应过松或过紧，更不能有晃动现象。用固定螺钉固定尺框时，卡尺的读数不应有所改变。在移动尺框时，不要忘记松开固定螺钉，也不宜过松以免掉落。

（3）当测量零件的外尺寸时，卡尺两测量面的连线应垂直于被测量表面，不能歪斜。测量时，可以轻轻摇动卡尺，放正垂直位置。测量时量爪应张开到略大于被测尺寸，用固定量爪贴住工件，轻微用力把活动量爪推向工件。游标卡尺使用方法如图 1-1-17 所示。

（4）测量内尺寸或孔径时，量爪开度应略小于被测尺寸，测量时量爪应放在最大读数位置或最大孔径上，不得倾斜。

（5）测量孔深或者高度时，应使深度尺的测量面紧贴孔底，游标卡尺的端面与被测工件的表面接触，且深度尺要垂直，不可前后左右倾斜。

（6）游标卡尺读数应置于水平位置，视线垂直于刻线表面，避免视线歪斜造成读数误差。

（7）使用后，应及时将卡尺擦拭干净，将两个量爪离开一点距离，将卡尺放入盒内保存。

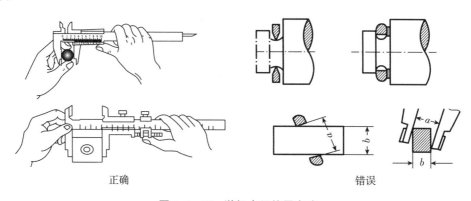

正确　　　　　　　　　　　　　　　错误

图 1-1-17　游标卡尺使用方法

小任务 4：张三用游标卡尺测量了一个工件，尺寸如图 1-1-18 所示，请你告诉张三应如何读数，读数结果是多少？

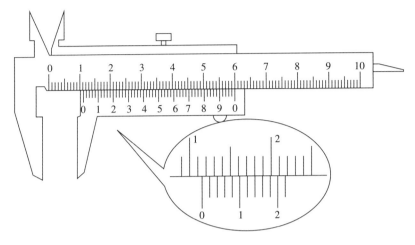

图 1-1-18　测量结果

任务实施：

跟小组同学讨论，将答案写在下方。

小任务 5：常见的游标卡尺精度为 0.02mm，在测量深度时，如要求比较精确，可以采用这种普通的游标卡尺吗？如果不能，请说明为什么？

任务实施：

小组讨论，每个小组推荐同学代表进行讲述。

（七）高度游标卡尺

用于测量零件的高度和精密划线，如图 1-1-19 所示。它的结构特点是用质量较大的基座 4 代替固定量爪，而动的尺框 3 则通过横臂装有测量高度和划线用的量爪 5，量爪的测量面上镶有硬质合金，提高量爪使用寿命。高度游标卡尺的测量工作，应在平台上进行。当量爪的测量面与基座的底平面位于同一平面时，如在同一平台平面上，主尺 1 与游标 6 的零线相互对准。所以在测量高度时，量爪测量面的高度，就是被测量零件的高度尺寸，它的具体数值，与游标卡尺一样可在主尺（整数部分）和游标（小数部分）上读出。应用高度游标卡尺划线时，调好划线高度，用紧固螺钉 2 把尺框锁紧后，也应在平台上进行，先调整再划线。用高度游标卡尺划线时应一次性划成，量爪应垂直于工件表面。

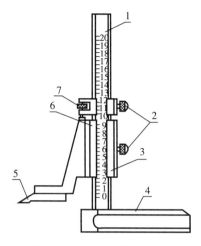

图 1-1-19　高度游标卡尺

1—主尺；2—紧固螺钉；3—尺框；4—基座；5—量爪；6—游标；7—微动装置

【TIPS】

高度游标卡尺使用注意事项

（1）使用时应轻拿轻放，移动时应握住底座，不能用手提尺身。

（2）使用时应保证划线平板清洁。

（3）划线时应防止划线量爪撞击方箱，造成硬质合金崩裂。

（4）不要使用两个侧尖划线，防止磨损造成线条变宽。

（5）划线或测高时，应注意量爪是否紧固，防止造成划线或测高不准。

（6）紧固螺钉时用力不要过大，防止螺钉折断。

（八）万能游标角度尺

万能游标角度尺是用来测量工件内外角度的量具，结构如图 1-1-20 所示。

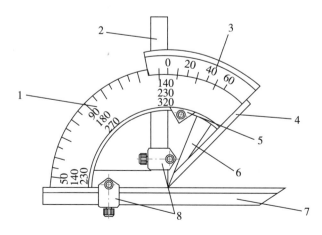

图 1-1-20　万能游标角度尺结构

1—主尺；2—直角尺；3—游标；4—基尺；5—制动头；6—扇形板；7—直尺；8—卡块

万能游标角度尺的刻线原理：

万能游标角度尺的测量范围是0°～320°。按游标的测量精度分为2′和5′两种。万能游标角度尺尺座上的刻度线每格1°。由于游标上刻有30格，所占的总角度为29°，因此，两者每格刻线的度数差是2′，如图1-1-21所示。

图1-1-21　万能游标角度尺刻线原理

万能游标角度尺读数方法：

万能游标角度尺的读数方法与游标卡尺相似，只是单位不同，先从扇形板主尺上读出游标零线左边的角度（度），再从游标上读出小数值（分），两者相加就是被测工件的角度值。如图1-1-22所示，游标上的零刻度线落在尺身69°～70°之间，即被测角度的"度"的数值为69°；游标上第21格的刻度线与尺身上的某一条刻度线对齐，即被测角度的"分"的数值为2′×21=42′，所以被测角度数值为69°42′。同理可得出图1-1-23中被测角度数值为34°8′。

图1-1-22　读数示例1

图1-1-23　读数示例2

测量读数为游标零线所指主尺上的整数＋游标与主尺对齐的格数×精度值。测量时应先校准零位，万能角度尺的零位，是当角尺与直尺均装上，而角尺的底边及基尺与直尺无间隙接触，此时主尺与游标的"0"线对准。调整好零位后，通过改变基尺、角尺、直尺的相互位置可测试0°～320°范围内的任意角。万能游标角度尺是由0°～50°、50°～140°、140°～230°、230°～320°四个位置进行调整变化，在读数时注意，主尺上只有90°，如果测量角度大于90°的时候，不能直接进行读数，需要加上一个读数（90°、180°、270°）。

小任务6：张三用万能游标角度尺测量了一个工件的角度，测量工具显示如图1-1-24所示，请你告诉张三应如何读数，读数结果是多少？并写出读数方法？

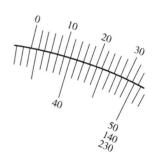

图1-1-24　任务6图

任务实施：

跟小组同学讨论，将答案写在下方。

万能游标角度尺的四种组装方式及测量方法：

根据零件被测角度大小的不同，选择不同的组装方式。

（1）测量 0°～50° 之间的外角：将角尺和直尺全部装上，如图 1-1-25 所示。将零件被测量部位放置于基尺与直尺测量面之间进行测量，如图 1-1-26 所示，这种组装方式只能测量外角。

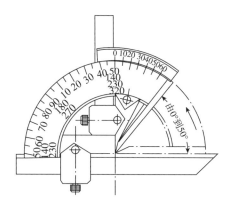

图 1-1-25　0°~50° 组装方式　　　　　　图 1-1-26　0°~50° 检测方法

（2）测量 50°～140° 之间的外角：拆下角尺，将直尺安装在扇形板上，使其连成整体，如图 1-1-27 所示。将零件被测量部位放置于直尺与基尺之间进行测量，这种组装方式只能测量 50°～140° 之间的外角，如图 1-1-28 所示。

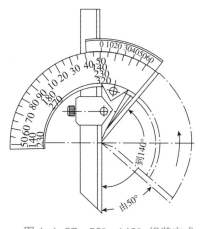

图 1-1-27　50°~140° 组装方式

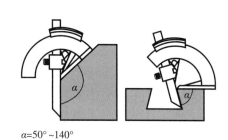

图 1-1-28　50°~140° 检测方法

（3）测量 140°～230° 之间的角：拆下直尺，只安装角尺，并将角尺上移动到与基尺交会处，如图 1-1-29 所示。将零件被测部位放置于交会处进行测量，这种组装方式既可以测量 140°～230° 的外角，也可以测量 130°～220° 的内角，如图 1-1-30 所示。

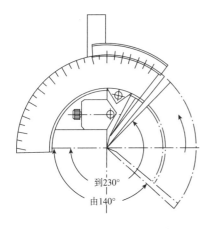

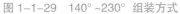

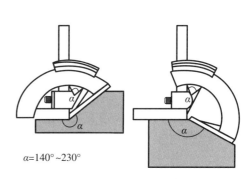

$\alpha = 140° \sim 230°$

图 1-1-29　140°～230° 组装方式　　　　　图 1-1-30　140°～230° 检测方法

（4）测量 230°～320° 之间的外角：拆下直尺，拆下角尺和卡块，如图 1-1-31 所示。使用扇形板和基尺进行测量，测量时，将工件置于扇形板与基尺之间进行测量。既可以测量 230°～320° 之间的外角，也可以测量 40°～130° 之间的内角，如图 1-1-32 所示。

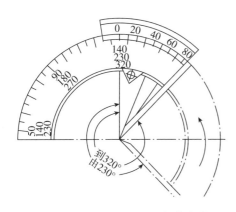

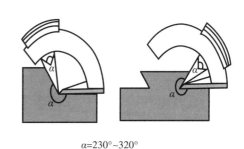

$\alpha = 230° \sim 320°$

图 1-1-31　230°～320° 组装方式　　　　　图 1-1-32　230°～320° 检测方法

万能游标角度尺
使用方法

万能游标角度尺的使用方法：

（1）检查量具校验日期，看是否在有效期内。

（2）对零：移动基尺与刀口直尺接触，无光线透过，锁紧固定螺钉，观察游标尺与主尺 0 刻度是否对齐，若未对齐，则记录下误差，在读数出来后进行修正。

（3）测量：根据零件角度大小来选择组装方式，将量具角度调到略大于零件角度，然后将零件放置于测量尺上，慢慢移动螺钉，使基尺慢慢靠近工件表面，观察没有光线透过，锁紧螺钉，在主尺和游标上进行读数。

（4）读数：与游标卡尺读数方法一样，先读主尺上的整数部分，单位为度，然后读游标上的部分，单位是分，然后两部分相加，即得零件角度值。

（九）夹层厚度测量尺

夹层厚度测量尺主要用来测量连接孔处的夹层厚度，并根据量得的厚度来选择紧固件的长度，它有两种形式，如图 1-1-33 所示。

① a 型，在尺钩与尺面均用英制或公制尺寸等距刻划。使用时，用尺量得的夹层厚度来计算紧固件长度。

② b 型，在尺钩与尺面上每一格值间的关系按钉长计算公式来确定。

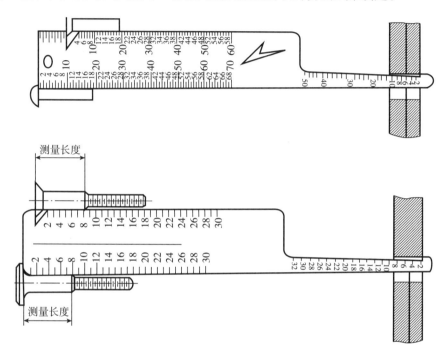

图 1-1-33　夹层厚度测量尺

二、量具的维护保养

正确地使用精密量具是保证产品质量的重要条件之一。要保持量具的精度和工作的可靠性，除了在使用中要按照合理的使用方法进行操作以外，还必须做好量具的维护和保养工作。

（1）在机床上测量零件时，要等零件完全停稳后再进行，否则会使量具的测量面过早磨损而失去精度，且会造成事故。

（2）测量前应把量具的测量面和零件的被测量表面都揩干净，以免因有脏物存在而影响测量精度。用精密量具如游标卡尺、百分尺和百分表等，去测量锻铸件毛坯，或带有研磨剂（如金刚砂等）的表面是错误的，这样易使测量面很快磨损而失去精度。

（3）量具在使用过程中，不要和工具、刀具如锉刀、榔头和钻头等堆放在一起，以免碰伤量具。也不要随便放在桌面上，尤其是游标卡尺等，应平放在专用盒子里，以免尺身变形。

（4）量具是测量工具，绝对不能作为其他工具的代用品。

（5）温度对测量结果影响很大，零件的精密测量一定要使零件和量具都在20℃的情况下进行。一般可在室温下进行测量，但必须使工件与量具的温度一致，否则，由于金属材料热胀冷缩的特性，使测量结果不准确，也不可把量具放在热源附近。

（6）发现精密量具有不正常现象时，如量具表面不平、有毛刺、有锈斑，以及刻度不准、尺身弯曲变形、活动不灵活等，使用者不应当自行拆修，更不允许自行用榔头敲、锉刀锉、砂布打光等粗糙办法修理，以免反而增大量具误差。发现上述情况，使用者应当主动送计量站检修，并经检定量具精度后再继续使用。

（7）量具使用后，应及时揩干净，除不锈钢量具或有保护镀层者外，金属表面应涂上一层防锈油，放在专用的盒子里，保存在干燥的地方，以免生锈。

（8）精密量具应实行定期检定和保养，长期使用的精密量具，要定期送计量站进行保养和检定精度，以免因量具的示值误差超差而造成产品质量事故。

三、航空工具、量具的保管与使用

工具和量具保管与使用的主要目的，是要保证维修工作中的工具和量具设备处于良好的可用状态和可追溯性。良好可用状态是指直接用于维修工作的工具必须是要能正常使用，量具必须在有效的校验日期且工作正常。可追溯性是指工具和量具在购进入库、领用、借用、送检、报废等各过程环节，都必须通过各类台账或清单随时监控到工具量具设备所处的位置、使用情况等。正确地使用、保管各类工具和量具，能够确保维修质量、提高工作效率、保证飞行安全和人员安全。

小任务7：使用量具前应对量具进行哪些检验工作？对航空机务工作来讲，具有什么意义？

任务实施：

学习完航空工具、量具保管与使用规范后，将答案写在下方。

_____

_____

_____

【TIPS】

航空机务工作中会使用大量的量具来检查机务工作完成的质量，要检查工作质量首先要保证量具的准确性。量具在使用过程中会发生损坏，应定期对量具进行校验，量具使用前均应检查量具的有效性（即检查量具检验标签，查看有效期），在有效期内的量具才可以使用。其次要检查量具各部位运转是否灵活，零部件有无缺损。检查量具零刻线是否对齐。

（1）做标记，建清单，分别保管

① 做标记

所有的工具和量具都要作上明显的标记，以免维修部门之间的工具和量具相混。

② 建清单

工具和量具应专人管理，建立分类保管制度。所有工具和量具应登记设立清单。工具和量具有所增减变动时，应在清单上及时登记注明。未经登记的工具和量具，严禁在飞机上使用。

③ 分别保管

常用与不常用工具和量具，要分开并指定专人保管；不常用、待检或报废的工具和量具应存放在单独区域，并作明显标识。工具和量具使用过程中，应严格履行借用手续。

（2）勤清点，不乱放，严防丢失

① 勤清点

工具和量具在使用过程中，要坚持三清点，即开始工作前要清点，工作场所转移前后要清点，工作结束后要清点。

② 不乱放

要坚持"三个不放"。不随地乱放，不随意将工具和量具放在飞机上、发动机上或短舱内，不随便把工具和量具放在衣袋或带出工作场所。

③ 严防丢失

发现工具和量具丢失，要及时报告、认真查找。当不能确认工具和量具是否丢失在飞机上时，禁止飞机放行。

（3）不乱用，不抛掷，防止损坏

① 不乱用

工具和量具应按用途使用，不得随意互相代用。可参照工具和量具生产厂家的产品使用说明书中的要求施工。

② 不抛掷

工具和量具使用中不得抛掷或随意敲打，防止损坏，避免缩短工具和量具的使用寿命。

③ 防止损坏

量具在使用时不要用力过猛、过大。使用完毕后应及时放置在专用的存储盒内。

（4）常擦拭，防锈蚀，定期检查

① 常擦拭

工作结束或风沙雨雪之后，应将工具量具擦拭干净。

② 防锈蚀

适时对工具和量具涂油保养。

③ 定期检查

定期检查量具上的校验标签是否在有效的日期范围内。量具须进行定期校验，确保精确度。不常用的工具和量具，要定期进行涂油保养和检查，防止锈蚀和丢失。

小任务 8：张三今天要在飞机上进行机务工作，需要用到很多的量具和工具，请你告诉张三工具、量具丢失会有什么后果，应该怎么做才能防止工具、量具丢失？

任务实施：

跟小组同学讨论，将答案写在下方。

小任务 9：在工作过程中，如工作部位正好处于眼睛正前方，需要站立进行操作，机务人员张三将暂时不使用的工具放在衣服的口袋里面，等使用的时候直接拿出来，这样方便快捷，提高了工作效率，你认为这样做对吗？如果不对，你觉得应该怎么做？

任务实施：

学习完航空工具、量具保管与使用规范后，将答案写在下方。

四、工具清点方法

（一）民航机务工作工具清点规定

民航机务工作工具清点，如图 1-1-34 所示。

（1）工作前要清点工具。

（2）转移工作场所要清点工具。

（3）工作结束后要清点工具。

小任务 10：一架民航飞机在机场过站短停时，机务人员张三在发动机上进行了排故工作，工作结束后，张三清点工具时发现少了一块抹布。这时旅客已经登机，飞机准备起飞，张三觉得抹布不值钱，起飞时间又紧，不能耽误飞机起飞，少一块抹布后面补上就行，于是没有

图 1-1-34　民航机务工作工具清点

进行报告，直接将飞机放行。你认为这样做对吗？如果不对，张三应该怎么做？

任务实施：

学习完航空工具、量具清点后，跟小组同学讨论，将答案写在下方。

（二）军队机务工作工具清点规定

（1）工具的清点应由两人同时进行，并对照工具清单进行。

（2）转移工作场地、工作部位或从一架飞机到另一架飞机工作前必须清点工具。

（3）在发动机、油箱、座舱或重大部位工作前后，修理封闭的蒙皮前必须清点工具。

（4）相互借用工具，必须在借用登记本上签字，一般应于当日归还。

（5）丢失了工具、用具、抹布，应立即报中队、大队领导，立即组织查找。如未找到，经判明确实不在飞机上，上报师（院）装备部，经批准同意，飞机方可用于飞行。

案例

1996年，空军某部组织机务维修检查，当天由于工作繁忙，机械分队长周某为了提高工作效率，往返几架飞机同时进行工作，在其中一架飞机上工作时，周某为了取用工具方便，将扳手放到了发动机进气道上方，但是工作完成后忘记取走，又去了其他飞机工作，该架飞机在进行发动机检查工作后需要进行试车，战士王某在清点工具时发现丢失一把扳手，他记得周某使用了扳手，正要询问的时候，发现周某在其他飞机上工作，认为扳手应该在周某手中，于是没有进行报告，机械师按照程序进行试车，当试车进行到第五分钟的时候，发动机突然出现剧烈的爆炸，造成了重大安全事故。事后调查发现是周某遗忘在发动机进气口上方的扳手在发动机运转振动下，从进气口上方掉落，正好被进气道吸入发动机，打坏了发动机叶片，叶片折断后，高速飞出，击穿飞机油箱，引起剧烈爆炸。

由此案例我们可以看出，机务工作无小事，任何的马虎和粗心大意都是不可以的，任何工作都需要严格按照规范进行。在工具使用和清点方面要严格遵守勤清点，不乱放，严防丢失，任何时候都不抱侥幸心理，将做的每一项工作都落实到实处，认真对待，才能干好机务工作。

五、实训工量具的管理规范

（1）每次实训前应按照工具清单清点工具、量具，并在工具检查单上签字，检查工作场地是否规范。

（2）实训过程中工具应当在桌面上摆放整齐，工具、量具不得混放或交叉放置，量具不得直接放置于工作台上，应放置在专用盒内或盒子表面。

（3）实训过程中，频繁使用的工具、量具应整齐地放置于桌面上，不经常使用的工具使用完成后应及时收起，放置于抽屉内。

（4）实训中途离开工位，应将桌面工具清点并放置整齐。

（5）实训结束后，应先清洁工具、量具，然后按照工具清单清点工具、量具，并将工具整齐地放回原处，在工具检查单上签字，再用毛刷打扫桌面及虎钳的卫生。

（6）发现工具、量具与清单不符、损坏或缺失时，应立即报告实训教师。

小任务 11：当我们需要频繁使用游标卡尺时，使用过程中可以将游标卡尺放在工作台上，使用完毕后才放回量具盒内吗？如果不可以，应怎当怎么做？

任务实施：

学习完实训工量具管理规范后，将答案写在下方。

_____

_____

_____

⚙️ 任务实施

量具使用实操训练任务实施练习：根据工单工作任务要求，完成量具使用操作练习。按照航空维修标准和工具管理规范，确保所有项目都完成，没有遗漏，工作过程正确。签署工卡时按照航空机务工作工卡签署"九字方针"——"看一项、做一项、签一项"进行。

实习工作单		适用课程类型	
		飞机维修类	
实习项目	常用量具使用		
工具 / 设备	游标卡尺、塞尺、直角尺、塞规		
消耗材料			
工序	工作任务描述	学员	教员
1	**安全要求 / 注意事项** （1）使用量具时应轻拿轻放，不用时应放回指定位置； （2）所检测尺寸公差范围：±0.1mm，角度公差范围：±1°		
2	**工作准备** （1）检查测量用的工件块，确信工件外观无损伤； （2）检查测量工具，确认结构完整，且计量标签在有效期内		
3	**工作流程** 参照图示标号按要求测量尺寸（单位：mm） 　　　工件　　　　量具　　　　尺寸实测值 　　　L1　　＿＿＿＿＿　＿＿＿＿＿ 　　　L2　　＿＿＿＿＿　＿＿＿＿＿ 　　　R3　　＿＿＿＿＿　＿＿＿＿＿ 　　　R25　＿＿＿＿＿　＿＿＿＿＿ 　　100 位置　＿＿＿＿＿　＿＿＿＿＿ 　铆钉间距 18.5　＿＿＿＿＿　＿＿＿＿＿ 　铆钉边距 10　＿＿＿＿＿　＿＿＿＿＿		

工作单类型		完工日期	完工签署	第 1 页，共 2 页
□基础培训	☑技能培训			

（续）

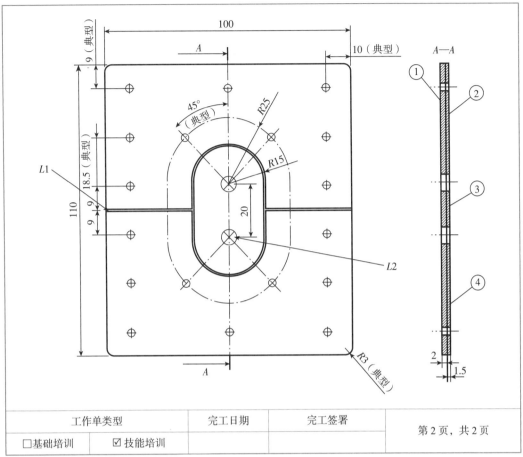

工作单类型		完工日期	完工签署	第 2 页，共 2 页
□基础培训	☑技能培训			

评价与反馈

学生对自己完成任务做自我评价，完成下表。

	班级：		姓名：	学号：	
序号	考核内容	分值	评分标准		得分
1	量具检验	10	未检查量具有效期扣 5 分；未检查量具状态扣 3 分；未检查量具零刻线是否对齐扣 2 分		
2	量具使用规范	15	使用过程中未轻拿轻放扣 3 分；使用前未将测量面擦干净扣 2 分；量具使用方法不正确扣 5 分；量具使用中放置位置不正确扣 5 分		
3	游标卡尺使用	20	100 位置处测量不正确，每处扣 2 分，最高扣 4 分。间距测量不正确，每处扣 1 分，最高扣 10 分。边距测量不正确，每处扣 1 分，最高扣 6 分		
4	塞尺使用	10	塞尺测量间隙尺寸不正确，每处扣 2 分，最高扣 10 分		
5	塞规使用	10	塞规测量 L2 孔径错误，每处扣 5 分，最高扣 10 分		

（续）

序号	考核内容	分值	评分标准	得分
6	铆钉卡规使用	20	测量铆钉镦头高度错误，每处扣1分，最高扣10分。测量铆钉头高度错误，每处扣1分，最高扣10分	
7	量具清洁	10	测量操作完成后，未将量具擦拭干净放回盒内扣5分；损坏量具未及时报告扣5分	
8	工具、量具清点	5	工作完成后未清点工具、量具扣5分	
合计				

班级：　　　　　　姓名：　　　　　　学号：

思考与练习

一、判断题

1. 用钢直尺可以划平行线。（　　　）

2. 划线时可以用油性记号笔，这样划线才不容易被擦掉。（　　　）

3. 划线时可以用2B铅笔进行。（　　　）

4. 用塞尺测量间隙时片数应越少越好。（　　　）

5. 塞规可以测出孔的实际大小。（　　　）

6. 基本尺寸相等的塞规都可以测量同一个孔径。（　　　）

7. 半径规可以用来划圆弧。（　　　）

8. 游标卡尺读数时不需要估读。（　　　）

9. 万能游标角度尺可以测量任何大小的角度。（　　　）

10. 量具只要零刻线对齐，不需要进行计量检验。（　　　）

11. 量具使用时必须检查校验日期。（　　　）

12. 在飞机上工作时，工作前后清点工具、量具就可以了。（　　　）

13. 在飞机上工作时，为了快速高效地完成工作，工具可以临时放在衣服口袋里，工作结束时拿出来就可以了。（　　　）

14. 量具和工具可以直接放在一起。（　　　）

15. 在机务工作中，丢失了工具，直接报告领导，由领导决定就好。（　　　）

二、问答题

1. 游标卡尺读数方法是什么？

2. 万能游标角度尺的检测组装方式有哪些？分别检测多大的角度？

3. 民航机务工作清点要求是什么？

4. 军队机务工作工具清点要求是什么？

5. 丢失了工具，有哪些影响，应该怎么办？

项目二 常用工具、设备使用

任务引入

在现在的飞机制造与维修上，需要用到很多钣金与铆接相关技术知识，一线操作人员要能够熟练地掌握钣金铆接相关工具、设备的使用方法，不正确的使用方法可能给飞机带来损伤或给人员带来人身伤害，这些工具、设备包括气钻、铆枪、剪板机、折弯机、气源等。所以本任务设置为钣金铆接常用工具、设备的使用，那么这些工具、设备应该如何使用呢？

想一想

飞机由不同的结构组成，飞机上有钻孔、有铆钉、有折弯的桁条，那么这些零件产品都需要用到哪些工具、设备呢？又应该如何正确地使用这些设备呢？

前导知识

一、常用工具

（一）气钻

气钻是一种手持式气动工具，主要用于对金属构件的钻孔工作，尤其适用于薄壁壳体件和铝镁等轻合金构件。特点是速度快、效率高、操作简便。如图 1-2-1 所示。

气钻使用方法：

（1）使用气钻时，必须佩戴护目镜和耳塞，防止铝屑进入眼睛和噪声损伤听力。

（2）装夹钻头或更换钻头时，必须取下气源，防止手指误碰开关造成受伤。

（3）安装钻头时必须用钥匙拧紧，如图 1-2-2 所示。

（4）连接气源时，手指不要碰到气钻开关，防止受伤。

（5）轻点气钻开关扳机进行试枪，检查气钻是否正常工作。检查钻头摆动量是否符合要求。

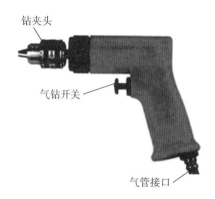

气钻

钻夹头

气钻开关

气管接口

图 1-2-1　气钻

钻夹头必须用钥匙拧紧

图 1-2-2　钻头装夹

（二）铆枪

铆枪是铆接的主要工具，铆接时通过铆枪中的活塞击打铆卡从而锤击铆钉杆，使其成为镦头。铆枪如图 1-2-3 所示，内部结构如图 1-2-4 所示。

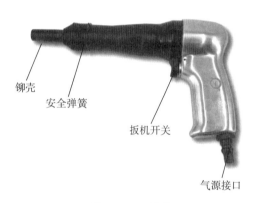

铆壳

安全弹簧

扳机开关

气源接口

图 1-2-3　铆枪

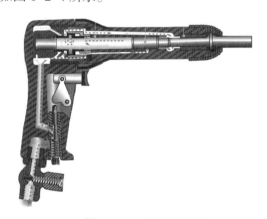

图 1-2-4　铆枪内部结构

铆枪使用方法：

（1）使用铆枪时应选择合适的铆卡，不可强行装配。

（2）安装铆卡时应先连接气源，后安装铆卡，然后安装弹簧，如果不能安装安全弹簧，则在铆卡和铆枪上捆扎上橡皮筋，防止铆卡射出伤人。

（3）使用铆枪时，枪头严禁对人。

（4）测试铆枪时，枪头应对着软木块或橡胶垫，严禁对着坚硬物体进行试枪，否则可能造成枪头损坏。

（5）测试铆枪时，严禁放空枪，否则会造成活塞损坏。

（三）定位销

定位销有弹簧定位销、手动式穿心夹、气动式穿心夹。弹簧式定位销由一个钢制的圆柱体和一个顶部的活塞，一个弹簧，一对阶梯形的锁，还有一个撑杆组成。一般有 6

种不同的尺寸：3 / 32、1 / 8、5 / 32、3 / 16、1 / 4 和 3 / 8in① 直径，上面印有彩色颜色，代表不同的直径，容易识别大小，如图 1-2-5 所示。一个特殊型号的钳子可适用于 6 种不同的尺寸。使用简单、快捷，受到弹簧的限制，通常能够定位的产品零件较薄，如图 1-2-6 所示。定位销钳如图 1-2-7 所示。图 1-2-8 是弹簧式定位销钳的使用方法。手动式穿心夹安装较慢，效率低，通常用于局部区域，如图 1-2-9 所示。

size（尺寸）/in	colour（颜色）	grip（夹持尺寸）/in
3/32（40号）	silver（银）	0~1/2
1/8（30号）	copper（紫铜）	0~1/2
5/32（20/21号）	black（黑）	0~1/2
3/16（10号）	brass（黄铜）	0~1/2
1/4	copper（紫铜）	0~1/2
3/8	black hat with brass（黑色带黄铜色帽）	0~1/2

图 1-2-5　弹簧定位销颜色对应尺寸

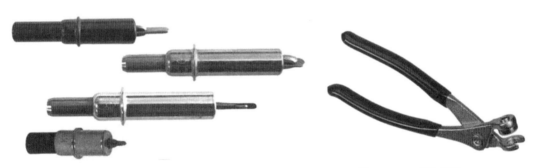

图 1-2-6　弹簧定位销 　　　　　　　　　图 1-2-7　定位销钳

图 1-2-8　弹簧式定位销钳的使用方法 　　　　图 1-2-9　手动式穿心夹

---

①　1 英寸（in）=0.0254 米（m）。

（四）弓形夹

图 1-2-10　弓形夹

弓形夹又叫 C 形夹，形似一个大 C，有三个主要部件：螺纹螺钉、下颚、旋转头。如图 1-2-10 所示。螺钉的旋转端和下颚表面在夹紧时直接接触飞机蒙皮，会造成飞机蒙皮表面损伤，因此需要在两端贴上遮蔽胶带，起保护作用，防止损伤飞机蒙皮表面。C 形夹尺寸是由最大物体的尺寸来测量的，机架可与螺钉完全展开配合。从螺丝中心线到里面的距离，边框的边缘或喉部的深度也很重要，使用时要注意。C 形夹大小不一，使用时注意选择。

（五）锪窝钻

锪窝钻是用来在飞机表面或内部结构进行锪窝的一种钻头，目的是使沉头铆钉与零件表面平齐，不同角度的锪窝钻与不同角度的沉头铆钉相对应。标准沉头有 100° 沉头和 120° 沉头。锪窝钻有分体式锪窝钻、整体式锪窝钻、带限位器锪窝钻。分体式锪窝钻如图 1-2-11 所示，结构简单，但是锪窝过程中，可能会造成导向柱松脱。整体式锪窝钻如图 1-2-12 所示，相比分体式而言，导向柱不会掉，较为耐用。整体式和分体式锪窝钻对操作者水平要求较高，需要在锪窝过程中保持锪窝钻与零件表面垂直，且需要用眼睛不断观察锪窝深度，并不断用铆钉来检查锪窝深度。带限位器锪窝钻如图 1-2-13 所示，结构复杂，造价较贵，但是锪窝速度快、质量较高，对操作者水平要求相对较低，在飞机上锪窝时优先选用这种锪窝钻。带限位器锪窝钻需要操作空间较大，当空间较小时，则选用其他锪窝钻。

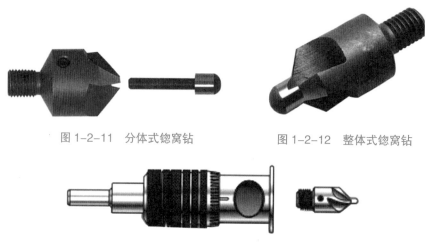

图 1-2-11　分体式锪窝钻　　　　图 1-2-12　整体式锪窝钻

图 1-2-13　带限位器锪窝钻

（六）顶铁

顶铁是用来在飞机上进行铆接时，顶在铆钉头或铆钉杆上，给铆钉提供一个反作用力的铁块，根据铆钉的大小和铆接空间大小，顶铁具有不同的形状和重量[1]，如果铆接件的形状比较复杂，铆接空间不足时需要专门设计顶铁的形状，顶铁如图 1-2-14 所示。

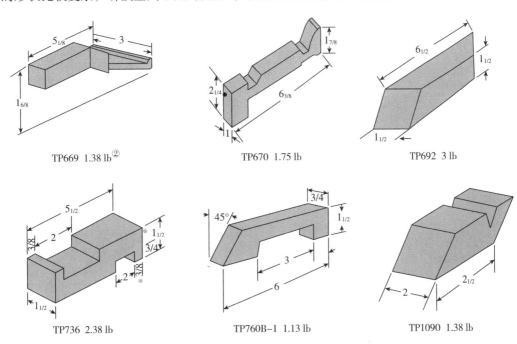

TP669 1.38 lb[2]   TP670 1.75 lb   TP692 3 lb

TP736 2.38 lb   TP760B-1 1.13 lb   TP1090 1.38 lb

图 1-2-14 不同形状的顶铁

（七）铆卡

铆卡是安装在铆枪筒内不可缺少的铆接工具，铆接时用铆卡击打铆钉头（或镦头），传递锤击时的冲击载荷。铆卡由尾杆及工作部分组成，通常铆卡与铆枪配套使用，尾杆套入铆枪筒内，其直径和长度与铆枪筒尺寸一致。为了保持铆钉头（或镦头）的形状正确，铆卡形状应随铆钉头形状变化，当铆钉头为平面时，铆卡的工作面为平面；铆钉头为半圆头时，铆卡也应带有对应的圆坑窝。如图 1-2-15 所示。使用过程中，如果铆卡尾杆不能插入铆枪筒内，允许用砂纸轻微打磨毛刺，使尾杆能够进入。在铆接时为了获得更高的铆接质量，采用正铆法。铆接沉头铆钉前需要对平头铆卡进行打磨抛光。半圆头或平锥头铆卡，需要在

图 1-2-15 不同头形和尺寸的铆卡

---

[1] 本书中的重量为质量（mass）概念，法定单位为千克（kg）。

[2] lb 英制质量单位，1lb ≈ 0.45359kg。

内部垫上一层医用胶布或专用胶带,防止损伤铆钉头。

(八)去毛刺刮刀

去毛刺刮刀是用来对加工边或加工完成后的孔进行去毛刺的工具。对边去毛刺刮刀如图 1-2-16 所示,去毛刺方法如图 1-2-17 所示,更换刀片如图 1-2-18 所示。对孔进行去毛刺铰刀如图 1-2-19 所示。对边和孔去毛刺都不可太深,一般为 0.02 ~ 0.2mm。

图 1-2-16　对边去毛刺刮刀

图 1-2-17　对边去毛刺方法

图 1-2-18　更换刀片方法

图 1-2-19　对孔去毛刺铰刀

二、常用设备

(一)剪板机

图 1-2-20　剪板机

剪板机是用一个刀片相对另一刀片做往复直线运动剪切板材的机器,如图 1-2-20 所示。是借运动的上刀片和固定的下刀片,采用合理的刀片间隙,对各种厚度的金属板材施加剪切力,使板材按所需要的尺寸断裂分离。剪板机属于锻压机械中的一种,主要作用就是金属加工。产品广泛适用于航空、轻工、冶金、化工、建筑、船舶、汽车、电力、电器、装潢等行业。

工作原理:剪板机剪切后应能保证被剪板料剪切面的直线度和平行度要求,并尽量减少板材扭曲，以获得高质量的工件。剪板机的上刀片固定在刀架上，下刀片固定在工作台上。 工作台上安装有托料球，以便板料在上面滑动时不被划伤。 后挡料用于板料定位，位置由电机进行调节。压料缸用于压紧板料，以防止板料在剪切时移动。 护栏是安全装置，以防止发生工伤事故。

剪板机操作规程：

（1）工作前要认真检查剪板机各部分是否正常，电气设备是否完好，润滑系统是否畅通；清除台面及其周围放置的工具、量具等杂物以及边角废料。

（2）要根据规定的剪板厚度，调整剪板机的剪刀间隙。不准同时剪切两种不同规格、不同材质的板料；不得叠料剪切。剪切的板料要求表面平整，不准剪切无法压紧的较窄板料。

（3）剪板机操作者送料的手指离剪刀口应保持最少 200mm 的距离，并且离开压紧装置。在剪板机上安置的防护栅栏不能挡住操作者视线而看不到裁切的部位。作业后产生的废料有棱有角，操作者应及时清除，防止被刺伤、割伤。

（4）剪切时要放置栅栏，防止操作者的手进入剪刀落下区域内。工作时严禁捡拾地上废料，以免被落下来的工件击伤。

（5）不能剪切淬过火的材料，也决不允许裁剪超过剪床的工作能力的材料。

（6）使用中如发现机器运行不正常，应立即切断电源停机检查。

（7）调整机床时，必须切断电源，移动工件时，应注意手的安全。

（二）折弯机

折弯机分手动折弯机、液压折弯机和数控折弯机。液压折弯机是一种能够对薄板进行折弯的机器，如图 1-2-21 所示，其结构主要包括支架、工作台和夹紧板，工作台置于支架上，工作台由底座和压板构成，底座通过铰链与夹紧板相连，底座由座壳、线圈和盖板组成，线圈置于座壳的凹陷内，凹陷顶部覆有盖板。使用时由导线对线圈通电，通电后对压板产生引力，从而实现对压板和底座之间薄板的夹持。由于采用了电磁力夹持，压板可以适用多种工件要求，而且可对有侧壁的工件进行加工，操作上也十分简便。

图 1-2-21　液压折弯机

安全操作规程：

（1）启动前须认真检查电机、开关、线路和接地是否正常和牢固，检查设备各操纵部位、按钮是否在正确位置。

（2）检查上下模的重合度和坚固性；检查各定位装置是否符合加工的要求。

（3）设备启动后空运转 1~2min，上滑板满行程运动 2~3 次，如发现有不正常声音或有故障时应立即停车，将故障排除，一切正常后方可工作。

（4）工作时应由 1 人统一指挥，操作人员与送料压制人员密切配合，确保配合人员均在安全位置方准发出折弯信号。

（5）调板料压模时必须切断电源，停止运转后进行。

（6）禁止折超厚的铁板或淬过火的钢板、高级合金钢、方钢和超过板料折弯机性能的板料，以免损坏机床。

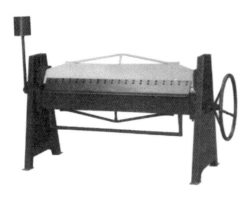

图 1-2-22　手动折弯机

（7）经常检查上、下模具的重合度，压力表的指示是否符合规定。

（8）结束时，先退出控制系统程序，后切断电源。

手动折弯机，如图 1-2-22 所示，由于力量较小，一般用来折较薄的板料。折弯时，折弯板料上的纹路应与折弯机刀口成 90°，选择好与图样对应圆弧大小的刀口，板料上划好切线与准线，将圆形绞盘转动，抬起刀口，对齐准线，压紧板料，然后手动抬起折弯板折到指定角度，为了防止回弹，折弯时需要多折弯一点。

（三）气源

气源是给气动工具提供动力的源泉，飞机部装和结构修理中，气源是必不可少的。

【TIPS】

拆卸气源接头时的注意事项

（1）在断开气源接头时，要先关闭气源阀门（顺时针旋转）。

（2）确定气源阀门关闭后，使连接气管另一端的气动工具（如气钻、风磨、砂纸机等）处于使用状态，将管路中气体放掉。

（3）确定气体放掉后，将接头断开。

⚙ 任务实施

工具设备使用实操训练任务实施练习：根据工单工作任务要求，完成操作练习。按照航空维修标准和工具管理规范，确保所有项目都完成，没有遗漏，工作完成正确。签署工卡时按照航空机务工作工卡签署"九字方针"——"看一项、做一项、签一项"进行。

实习工作单		适用课程类型
		飞机维修类

实习项目	常用量具使用		
工具 / 设备	铆枪、气钻、折弯机、气源、去毛刺铰刀、顶铁、铆卡		
消耗材料	铝板、麻花钻		

工序	工作任务描述	学员	教员
1	**安全要求 / 注意事项** （1）钻孔佩戴耳塞； （2）钻孔操作时必须佩戴护目镜； （3）钻孔过程中，严禁嘴吹铝屑		
2	**工作准备** 清点工具、量具、设备		
3	**工作流程** （1）对气源进行正确连接； （2）在气钻上安装钻头，并检查摆动量； （3）在铝板上进行钻孔； （4）使用铆枪，进行铆接前测试； （5）在钻孔位置安装穿心夹； （6）根据老师分发铆钉，来选择铆卡形状； （7）对孔与边进行去毛刺； （8）按教师要求对板件进行折弯		
4	**工作结束** （1）清洁工具、量具，清点工具、量具； （2）清洁工作现场		

工作单类型	完工日期	完工签署	
□基础培训　☑技能培训			第 1 页，共 1 页

评价与反馈

学生对自己完成任务做自我评价，完成下表。

班级：		姓名：		学号：		
序号	考核项目	考核要点	配分	评分标准		得分
1	气源连接	连接流程	10	连接错误扣 10 分		
2	气钻	钻头安装	20	安装错误扣 5 分		
		气钻使用		使用错误扣 10 分		
		安全防护		安全防护未做扣 5 分		
3	铆枪	测试流程	20	流程错误扣 10 分		
		危险操作		危险操作扣 10 分		
4	穿心夹	工具识别	20	工具识别错误扣 10 分		
		安装方法		安装错误扣 10 分		

（续）

序号	考核项目	考核要点	配分	评分标准	得分
班级：		姓名：		学号：	
5	铆卡	铆卡选择	10	选择错误扣5分	
		铆卡处理		未处理扣5分	
6	去毛刺	工具使用	10	工具使用错误扣5分	
		毛刺去除		毛刺去除错误扣5分	
7	折弯	折弯机使用	10	未正确使用折弯机扣5分	
		折弯角度		折弯角度错误扣5分	
合计			100		

否定项：造成设备严重损坏及人员重伤以上事故，考核全程否定，即按零分处理

思考与练习

一、判断题

1. 铆枪在使用时可以不安装弹簧。（   ）

2. 气钻钥匙可以直接用手拧紧。（   ）

3. 弹簧定位销根据颜色来区分直径大小。（   ）

4. 顶铁只要顶的力气够大，不用选择大小。（   ）

5. 平头铆卡可以打平锥头铆钉的钉头。（   ）

二、问答题

1. 请描述铆卡的选择方法是什么？

2. 折弯机在使用时有哪些需要注意的地方？

模块二　钣金铆接基本技能训练

知识目标

◎掌握常用划线工具的使用方法和基本线条的绘制方法。

◎能够描述出划线与飞机表面质量之间的关系。

◎了解气钻和麻花钻结构。

◎掌握气钻在铝板上的钻孔方法。

◎能够描述出气钻钻孔的缺陷并提出解决措施。

◎掌握锯削和修锉方法。

◎掌握在飞机表面锪窝方法。

◎掌握锪窝的质量检查方法。

◎了解铆钉类型及规格，并能够正确识别铆钉并认识铆钉。

◎掌握铆钉长度的选择方法。

◎掌握冲击铆接正铆与反铆的方法。

◎理解钣金弯曲术语概念。

◎掌握 90° 和非 90° 板材弯曲计算方法。

能力目标

◎能够根据图样要求，正确选择工具进行划线操作。

◎能够正确安全使用气钻进行钻孔操作。

◎能够对钻偏的孔进行纠正操作。

◎能够正确去除孔的毛刺并进行质量检查。

◎能够对产品进行锯削操作和平面、直线、圆弧修锉操作。

◎能够正确选择锪窝钻进行锪窝操作。

◎能够对窝进行质量检查。

◎能够根据材料厚度正确选择铆钉长度。

◎能够根据产品正确选择工具进行正铆或反铆操作。

◎能够正确选择工具，拆除模拟蒙皮上不符合质量要求的铆钉。

◎能够分析铆接变形原因，并提出改正措施。

◎能够根据铆接质量要求，分析查找飞机上的铆接缺陷，并提出解决方法，排除缺陷。

◎能够根据产品图样，对弯曲板件进行展开计算。

◎能够根据产品图样，对零件进行折弯操作。

◎能按要求归还工具，并进行工具清点，恢复场地。

素质目标

◎通过我国飞机的发展史及钣金铆接岗位的重要性描述，建立航空报国、爱岗敬业的工作态度。

◎通过工具的正确使用及航空安全案例，建立安全意识。

◎通过技能操作过程，培养学生精益求精、严谨负责、质量就是一切的工匠精神。

◎通过对工具、设备的维护和场地卫生整理，使学生具备劳动意识、劳动技能等劳动品质。

◎通过对模拟蒙皮的制作，树立团队协作、良好沟通意识。

项目一　划线

📝 任务引入

某厂承接了一批零件（见图 2-1-1）的生产任务，在生产零件前需要在毛坯上进行划线操作，应该如何完成呢？

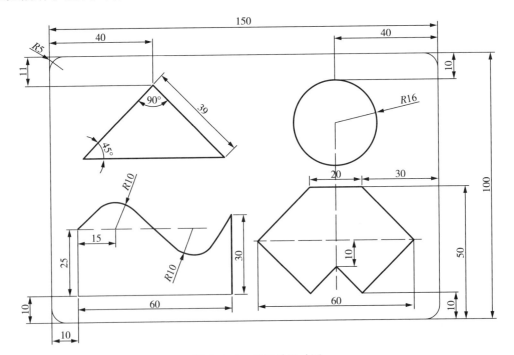

图 2-1-1　某零件尺寸图

🔍 **想一想**

在飞机上进行划线有哪些方法？为什么在飞机上不能使用金属工具进行划线，如果使用金属工具划线会带来哪些影响？

🖨 **前导知识**

一、划线

划线目的是在装配过程中确定零件的相对位置、外形及各种连接件孔位的相对位置。划线时，要做到线条清晰，尺寸准确。

（一）划线方法

（1）按图样尺寸划线：此方法在生产中使用最多，准确度较低，效率较低。划线时应注意以下几点。

① 由于结构装配需要，在下道工序中与其他零件若有连接的情况，则此道工序中不划线钻导孔，留出孔位，做好标记，待下道工序再划线钻孔。

② 为保证最小边距能满足图样要求，划线时应注意下陷、凸台、R区、零件搭接的位置。

③ 有协调要求的部位应先划线，孔的位置要划在工件有钻孔通路的一侧。

④ 线条要简洁清晰，避免杂乱不清，无用的线条一定要擦掉，避免因线条不清晰而钻错孔，避免因线条太多造成零件端面位置错误。

⑤ 划线后一定要复查确认无误后再进行施工。

⑥ 不允许用划针划线，一般用蜡笔划线，在引孔时可以使用划针。

（2）按样板和钻模划线：按样板划线多用于孔位较多的蒙皮、口盖类零件的孔位及外形定位。

按钻模划线在系统零件装配中使用多，方便准确，质量稳定可靠，但在选择定位基准时，一定要注意航向、上下和正反。

对于有协调互换要求或者对垂直度、位置尺寸要求严格的孔，最好使用钻模进行定位，同时在定制钻模时要选一个或两个稳定的端面为基准作为依靠点，使样板和钻模安装稳定可靠。

（3）按导孔定位划线：省略了划线工序，多用于外形复杂及较大的壁板类、蒙皮、口盖、型材及框梁零件的定位，通常情况下，相连接的两个（或两个以上）零件开有相同位置及个数的导孔，一般只要将零件贴合面找准，孔位对齐就不会出错。

（二）常用划线工具及基本操作

（1）钢直尺：是简单的尺寸量具，每一格有 1mm 和 0.5mm 之分，长度规格一般为 150mm、300mm 等。钢直尺除了用来测量尺寸，也可以用来作为划线时的导向工具。

划线工具

（2）划线平板：用来安放工件和划线工具，并在它上面进行划线工作，如图2-1-2所示。

图2-1-2　划线平板

【TIPS】

划线平板使用时注意事项

（1）安放平稳，平面保持水平。

（2）使用时保持平板清洁，防止撞击和局部磨损。

（3）划线结束时要把表面擦干净，涂上机油，防止生锈。

（3）记号笔和蜡笔：主要用来在工件表面划线，常与钢直尺、90°角尺或划线样板等导向工具一起使用。记号笔一般选择水性笔且尽量选择头部较细的记号笔，工作中容易擦掉。蜡笔在使用过程中要经常削头部，尽量使头部保持不大于0.5mm，避免增加线宽，影响划线准确性。蜡笔使用过程中压力不要太重，否则蜡笔会折断或在较软表面留下划痕，如图2-1-3所示。

（4）圆规：工作中常用来划圆和圆弧、等分线段、等分角度以及量取尺寸等。操作方法为在工件表面垫一层软垫，防止扎伤表面，掌心压住圆规顶端。划圆周时常由划顺、反两个半弧而成，如图2-1-4所示。

图2-1-3　记号笔和蜡笔　　　　　　　　　　图2-1-4　圆规

（5）90°角尺：也叫宽座角尺，常用来作为划垂直线和平行线的导向工具，如图2-1-5所示。

（6）高度划线尺：是精密量具之一，用来测量高度，附有划线量爪，也可以作为精密划线工具来使用，精度一般为0.02mm。高度划线尺只能用于零件的外轮廓，不能用于产品内表面划线，且划线时必须配合划线平板使用，如图2-1-6所示。

（7）方箱：用来支承划线的工件，一般要配合划线平板使用，是一个标准的空心立方体或长方体。相邻平面互相垂直，相对平面互相平行，用铸铁制成，如图2-1-7所示。

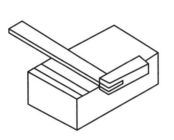
图2-1-5　宽座角尺

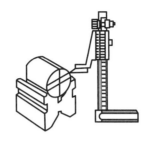
图2-1-6　高度划线尺

图2-1-7　方箱

【TIPS】

在飞机蒙皮或飞机结构上一般不采用金属工具进行划线，一般采用蜡笔或水性记号笔，因为这样不会划伤飞机蒙皮。划线方法是一样的。如果要采用金属工具进行划线，只能用在零件外部轮廓或需要去除材料的部位。

小任务：张三在飞机上修理蒙皮时，不小心将旁边的蒙皮划伤，张三觉得划伤的蒙皮会引起腐蚀，于是将划伤部位喷上油漆，这样便可以防止腐蚀，请问张三这样做对吗？如果不对，这样做会对飞机带来哪些伤害？

任务实施：

学习完划线后，跟小组同学讨论，将答案写在下方。

_____

_____

_____

案例

某航空公司的波音737飞机在飞行过程中突然出现客舱氧气面罩脱落，驾驶舱出现客舱释压告警，机组紧急下降高度，最后成功降落。事后调查发现是飞机蒙皮出现破洞，造成客舱释压。蒙皮出现破洞的原因是此前维修时，在蒙皮搭接处发现划痕，机务维修人员自作主张，只对划痕进行了补漆处理。飞机在长期的飞行过程中，一是飞机频繁起飞降落对机体进行增压、释压，造成蒙皮应力集中，产生疲劳裂纹；二是蒙皮受到高速气流冲击，将已经发生裂纹的蒙皮掀起，造成客舱气流急剧流失，出现释压。氧气面罩脱落情况，差点酿成机毁人亡的惨剧。

由上述案例可以看出，一个很小的划痕，在我们的生活中再常见不过，我们可能不会特别重视，但是这个划痕一旦出现在飞机上，没有及时发现和处理，就有可能会给飞行带来巨大的安全隐患，甚至造成严重的飞行事故，作为一名航空机务的学生，在学习、实训和以后的机务工作中要有质量意识，有严谨、认真、仔细的机务工作作风，为飞行安全做出自己的努力。

（三）基本划线方法

（1）划平行线的方法

① 用钢直尺划平行线：用钢直尺在距离基准线同等距离的两不同处各划一短直线，然后用铅笔将两点连接起来即得平行线，如图 2-1-8 所示。

② 用圆规划平行线：用划规在距离基准线相等的不同两处划小圆弧，然后用钢直尺将圆弧顶点连接起来即可，如图 2-1-9 所示。

③ 用高度划线尺划平行线：将工件放到划线平台上，调整高度划线尺到所需要高度，然后进行划线操作即可，如图 2-1-10 所示。

图 2-1-8　用钢直尺划平行线　　图 2-1-9　用圆规划平行线　　图 2-1-10　用高度划线尺划平行线

（2）划垂直线的方法

① 用 90° 角尺划垂线：用角尺一边先对准工件基准边，先划平行线，然后再转 90°，对准另一个基准边，所划线条即与刚才线条垂直。

② 用高度划线尺划垂线：跟划平行线的方法一样，只是划垂线时将工件转 90° 即可，需要注意的是，工件的基准边应互相垂直，不然所划线条也不垂直。

③ 用几何作图法划线：在直线上任取两点作为圆心，用划规以大于两点间距一半的长度为半径划圆弧（直线两侧均划圆弧），用钢直尺将两个交点连接起来，两条线即互相垂直，如图 2-1-11 所示。

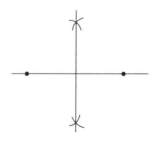

图 2-1-11　用几何作图法划垂线

（3）等分线段

如图 2-1-12 所示，若将线段 AB 进行五等分，可过线段的任一端点（如 A）作一直线 AC，用划规以适当长度为单位在 AC 上量得 1、2、3、4、5 各等分点，然后连接

5B，并过各等分点作 5B 的平行线与 AB 相交，得到 1′、2′、3′、4′，五等分完成。

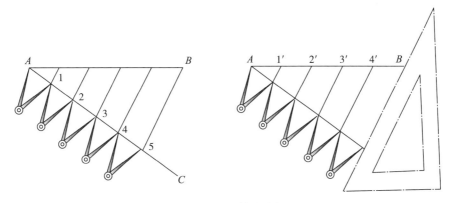

图 2-1-12　等分线段

（4）等分圆周

① 三等分圆周：作圆的直径 AB，以 A 为圆心，以 AO 为半径划弧，交圆于 C，D 两点，则 C，D，B 三点将圆周三等分。连接 C、D、B 三点，即为正三角形，如图 2-1-13 所示。

② 六等分圆周：分别以 A、B 两点为圆心，以已知圆的半径为半径划弧，与已知圆交于 C、D、E、F——六等分完成（图中还画出了圆的内接正六边形），如图 2-1-14 所示。

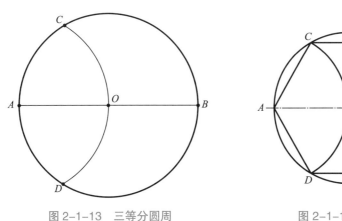

图 2-1-13　三等分圆周　　　　　　　图 2-1-14　六等分圆周

③ 五等分圆周：平分圆的半径 OA，得中点 1，以 1 为圆心，以 1C 为半径，划弧交 OB 于 2 点，用 C2 为半径划弧量取，得圆周上的各等分点（C、D、E、F、G）——五等分完成（图中还画出了圆的内接正五边形），如图 2-1-15 所示。

④ 任意等分圆周（试分法）：根据圆的大小，用划规尝试取一段长度，然后对圆进行试分，不断进行调整，直到满足精度为止，如图 2-1-16 所示。

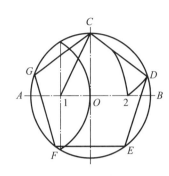

图 2-1-15　五等分圆周

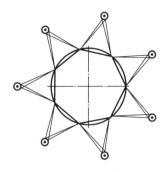

图 2-1-16　试分法等分圆周

⑤ 精确作图任意等分圆周（七等分为例），如图 2-1-17 所示。

a. 将直径 AK 七等分。

b. 以点 K 为圆心，直径 AK 为半径划弧，交直径 AK 的垂直平分线于 M、N 两点。

c. 自点 M、N 分别向直径 AK 上的点 b、d、f 连接并延长，使其延长线分别交⊙O 于 B、C、D、E、F、G 点，则点 A、B、C、D、E、F、G 将圆七等分。

d. 依次连接 AB、BC、CD、DE、EF、FG、GA 即得圆的内接正七边形。

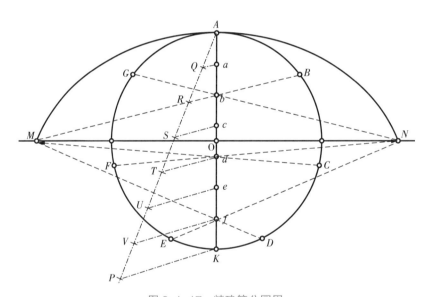

图 2-1-17　精确等分圆周

注意：任意等分圆周时，M 或 N 一定要连接等分直径的第 2 点，并延长交于圆上，再用 A 点连接交于圆弧的点，这段直线就是正多边形的边长，用这段长度等分圆周，连接各等分点，即得所求的正多边形。

（5）二等分角度

以顶角 D 为圆心，适当半径 R 划弧，得到两个交点 A、B，分别以 A、B 为圆心，适当半径 R_1 划圆弧，得到交点 C，连接 C、D，即完成角平分线作图，如图 2-1-18 所示。

（6）作圆的切线

① 过圆上一点作圆的切线，如图 2-1-19 所示，连接圆心 O 和 C 并延长，以 C 为

圆心，适当半径划圆弧，交已知直线 OC 于 A、B 两点；再分别以 A、B 两点为圆心，适当半径划两个圆弧，得到交点 m、n，连接 m、n 即为所作之切线（必然过 C 点）。

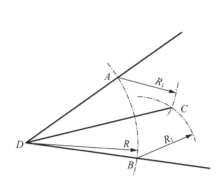

图 2-1-18　二等分角度

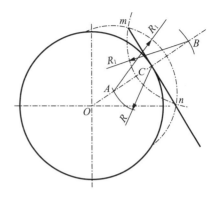

图 2-1-19　过圆上一点作圆的切线

② 过圆外一点作圆的切线，如图 2-1-20 所示，连接圆心 O 和 C，以 OC 为直径划圆，与已知圆相交得到交点 K，连接 C、K，即为该圆之切线。显然，CK 垂直 OK。

（7）求圆弧的圆心

如图 2-1-21 所示，在圆弧上任选三点 A、B、C，分别以 A、B 为圆心，适当半径划圆弧得到交点 a、b，再分别以 B、C 为圆心，适当半径划圆弧得到 c、d，连接 a、b 和 c、d，并做延长线得到交点 O，交点即为圆心。

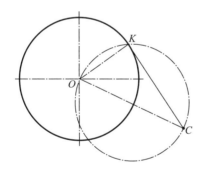

图 2-1-20　过圆外一点作圆的切线

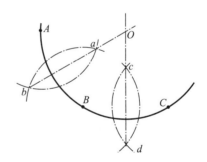

图 2-1-21　求圆弧的圆心

（8）椭圆的划法

① 四心圆法：即求得 4 个圆心，划 4 段圆弧，近似代替椭圆。如图 2-1-22 所示，以 O 点为圆心，以 OA 为半径划圆弧与短轴的延长线交于 E 点，再以 D 点为圆心，以 DE 为半径划圆弧与 AD 线交于 F 点；作 AF 线的垂直平分线与长轴 AB 交于 1 点，与短轴 CD 的延长线交于 2 点；求得 1、2 两点的对称点 3、4，并连线；以 2 点为圆心，以 $2D$ 长度为半径在 12 线和 23 线之间划圆弧，同理，以 4 点为圆心，以 $4C$（$=2D$）长度为半径在 14 线和 43 线之间划圆弧；最后分别以 1 和 3 为圆心，以 $1A$ 和 $3B$ 为半径划出两段圆弧即成。

② 同心圆法：即以长、短轴为直径划两个同心圆，求得椭圆上的数点，依次连接成曲线。如图 2-1-23 所示，以长、短轴为直径划两个同心圆，将两圆 12 等分（其

他等分也可以）；过各等分点作垂线和水平线，得 8 个交点（1、2、3、4、5、6、7、8）；最后用曲线板依次连接 A、1、2、D、3、4、B、5、6、C、7、8、A 成曲线即成。

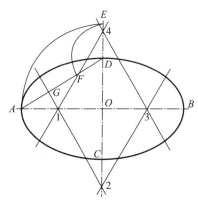

图 2-1-22　四心圆法划椭圆

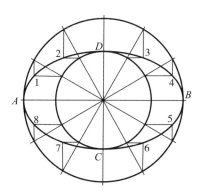

图 2-1-23　同心圆法划椭圆

二、划线与飞机表面质量的关系

划线环节十分重要，划线质量的好坏关系到零件、标准件的位置准确度、外形的准确度以及各零件之间相互配合协调的美观度。因此，在划线时必须把控好几个度：

（1）准确度：各零件、标准件、铆钉相对位置的尺寸准确度；

（2）平行度：有平行关系的位置要平行，无起伏；

（3）直线度：应保持直线安装的零件或修配的零件边缘在一条直线，避免错位或波动；

（4）圆滑度：指零件圆弧过渡的修配部位、弧线上连接件的排列应该圆滑过渡；

（5）均匀度：指相对位置相关连接件的尺寸控制在公差范围内，避免偏差跳动。

三、手工划线连接件尺寸偏差参数

铆钉孔边距、间距、行距的偏差要求见表 2-1-1：

mm

表 2-1-1　手工划线的尺寸偏差极限

边距极限偏差	间距极限偏差		行距极限偏差
	间距小于等于 30	间距大于 30	
+2 −1	± 1.5	± 2	± 1

在实际工作中，尺寸偏差尽量控制在表中给定的偏差范围以内，偏差越小越好。

任务实施

划线实操训练任务实施练习：根据工单工作任务要求，完成划线操作练习。按照航空维修标准和工具管理规范，确保所有项目都完成，没有遗漏，工作过程正确。签署工卡时按照航空机务工作工卡签署"九字方针"——"看一项、做一项、签一项"进行。

实习工作单		适用课程类型		
		飞机维修类		
实习项目	划线			
工具 / 设备	铅笔、钢直尺、圆规、角度尺			
消耗材料	铝板			
工序	工作任务描述		学员	教员
1	**安全要求 / 注意事项** 防止铝板边缘毛刺划伤手			
2	**工作准备** （1）清点工具、量具、设备； （2）检查并确定给定的铝板尺寸为 150mm × 100mm × 5mm			
3	**工作流程** （1）根据图样，确定圆心，用划规划出图 A； （2）根据图样，用角度尺划出图 B； （3）根据图样，用直尺或高度划线尺，画出图 C； （4）根据图样，用直尺和角度尺划出图 D			

附图如下，单位为 mm：

工作单类型		完工日期	完工签署	第 1 页，共 1 页
□基础培训	☑技能培训			

评价与反馈

学生对自己完成任务做自我评价，完成下表。

序号	考核项目	考核要点	配分	评分标准	得分
	班级：	姓名：	学号：		
1	划线图 A	划线位置及尺寸	20	划线位置错误扣 10 分，划线错误扣 10 分	
2	划线图 B	划线位置及尺寸	20	划线位置错误扣 10 分，划线错误扣 10 分	
3	划线图 C	划线位置及尺寸	25	划线位置错误扣 10 分，划线错误扣 15 分	
4	划线图 D	划线位置及尺寸	25	划线位置错误扣 10 分，划线错误扣 15 分	
8	安全文明生产	正确执行国家有关安全技术操作规程及文明生产规定	4	违规扣 4 分	
9	设备使用	设备使用符合相关规定	3	违规扣 3 分	
10	工量具使用	各种工量具的使用符合有关规定	3	违规扣 3 分	
	合计		100		
否定项：造成设备严重损坏及人员重伤以上事故，考核全程否定，即按零分处理。					

思考与练习

一、单选题

手工划线，行距的极限偏差为（　　　　）。

A. ± 0.5 　　　　　　B. ± 1 　　　　　　C. ± 1.5 　　　　　　D. ± 2

二、多选题

划线方法有（　　　　）。

A. 图样尺寸 　　　　B. 样板 　　　　C. 引导孔 　　　　D. 凭手感

三、判断题

1. 划线完成后就可以进行钻孔操作。（　　　）

2. 产品表面可以用划针进行划线操作。（　　　）

3. 加工完成后，表面划线痕迹可以不管。（　　　）

4. 圆规可以划圆弧，也可以用来等分线段与角度。（　　　）

四、问答题

1. 划线的作用是什么？

2. 划平行线的方法有哪些？

3. 能否使用游标卡尺进行划线，圆弧能否使用半径规进行划线？如果不能，请说出原因？

项目二　下料和修锉

任务引入

某厂所承接了某零件（图 2-2-1）的生产任务，前面我们已经对该零件进行了划线操作，现在需要将该零件内部 A、B、C、D 四个形状制作出来，应该如何完成呢？

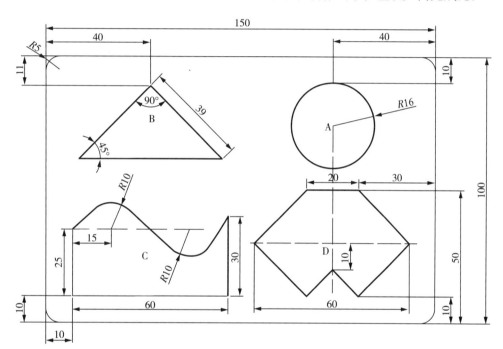

图 2-2-1　生产零件图

想一想

练习下料与修锉对以后的飞机结构修理和部件装配有哪些帮助？你认为在哪些地方会用到下料与修锉技能？

前导知识

一、锯削

锯削是使用手锯来切断金属材料或在材料上开槽的操作。在航空机务工作中，锯削也是一项很重要的操作。比如：飞机液压管路制作中需要锯削管路，飞机蒙皮修理时需要锯削铝板，飞机结构修理或客机改装货机时，需要对飞机结构进行加工，也需要用到锯削技能。使用手锯的特点是方便、简单、灵活。

（一）锯削工具

（1）锯弓

锯弓结构与
锯条安装

锯弓的作用是张紧锯条，有固定式（图 2-2-2）和可调式（图 2-2-3）两种，固定式只能安装一种长度的锯条，可调式可以安装不同长度的锯条，可调式锯弓安装锯条时必须将锯弓上部销钉对齐锯弓上的槽，这样锯弓顶部才成一条直线，锯条才能被张紧。锯弓两端各有一个夹头，锯条孔被夹头上的销子插入后，旋紧异形螺母就可以把锯条拉紧。

图 2-2-2　固定式锯弓

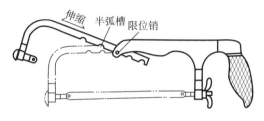

图 2-2-3　可调式锯弓

（2）锯条

锯条：一般用渗碳钢冷轧而成，并经淬硬热处理。锯条长度是以两端安装孔的中心距来表示的，钳工常用的是 300mm 这一种。

① 锯齿的角度：锯条的切削部分由许多锯齿组成，好像是一排同样形状的錾子，锯条要有足够的容屑空间，故前角较大，又要有足够的强度，故楔角也不宜太小，如图 2-2-4 所示。

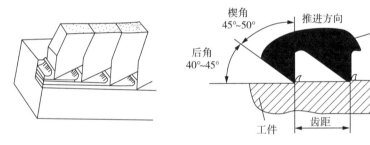

图 2-2-4　锯齿的形状与角度

② 锯路：在制造时，全部锯齿是按一定的规则左右错开，排列成一定的形状称为锯路。锯路有交叉形和波浪形，锯齿的排列分别向左右两侧倾斜，常为连续两齿向左、两齿向右，这样使锯条在锯缝中便于正常运作，如图 2-2-5 所示。

③ 锯齿粗细的选择：锯条的粗细是以每 25mm 长度内的齿数来表示的，有 14、18、24、32 等几种，齿数愈多则表示锯齿愈细。粗齿锯条的容屑槽较大，适用于锯软材料和较大的表面，因为每推锯一次所锯下的切屑较多，容屑槽较大可以防止产生堵塞。细齿锯条适用于锯削硬材料，因硬材料不易锯入，每锯一次的切屑较少，不会堵塞容屑槽，而锯齿增多后，可以使每齿的锯削量减少，材料容易被切除。在锯削薄板或管路的

时候要选择细齿的锯条，这样锯齿才不容易被钩住，从而防止锯条掉齿或折断。锯条粗细选择见表2-2-1。

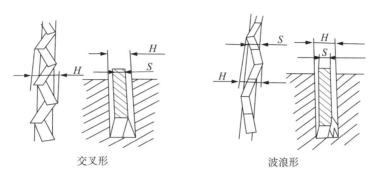

交叉形　　　　　　　波浪形

图2-2-5　锯条的锯路

表2-2-1　锯条粗细的选择

锯齿粗细	每25mm长度内含齿数目	用途
粗齿	14 ~ 18	锯铜、铝等软金属及厚工件
中齿	24	加工普通钢、铸铁及中等厚度的工件
细齿	32	锯削硬钢板料及薄壁管子

锯弓结构与

（二）锯条的安装

锯条是在向前推锯的过程中参与锯削的，所以锯条在安装时锯齿必须朝向前方，如果装反了，则不能进行正常的锯削。锯条安装锯齿朝向如图2-2-6所示。锯条在安装时松紧应适当，安装时用手拨动锯条，感觉张得较紧即可。安装太紧，在锯削过程中有卡滞时，锯条就容易弯曲折断。安装太松时，锯削过程中锯条容易发生扭曲，锯条也容易折断，并且锯缝很容易歪斜。安装锯条时应尽量使锯条与锯弓处于同一个平面，这样锯削时锯缝才比较容易锯直。

锯条安装要点：松紧适当、锯齿朝前、处于同一平面。

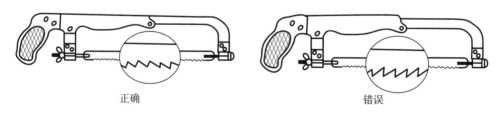

正确　　　　　　　　　　错误

图2-2-6　安装锯条时锯齿朝向

小任务1：张三要制作一块蒙皮，对飞机损伤部位进行修理，需要对蒙皮进行切割，张三选择了锯削的方式，但是张三在锯削过程中发现锯齿容易崩掉，且锯条容易折断，请帮张三分析是什么原因，应该怎么做？

任务实施：

跟小组同学讨论，将答案写在下方。

_____

_____

（三）锯削时工件的装夹

（1）锯削工件时，工件一般装夹在台虎钳的左侧，并且应与地面垂直或与钳口侧边平行。这样可以避免握在前面的左手撞击台虎钳或工件边沿造成受伤，并且便于眼睛观察锯缝是否正直，装夹应牢固可靠，不应松动。

（2）工件划线处应伸出钳口 10 ~ 15mm，并且使锯缝与钳口侧面平行，防止锯削时工件高频振动发出响声或使锯缝歪斜。锯削工件装夹如图 2-2-7 所示。

（3）装夹已加工表面和精度比较高的表面，需要夹持软口钳，以免夹坏工件表面。

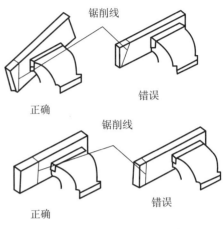

图 2-2-7　锯削工件的装夹

（四）锯削方法

（1）锯弓的握法

锯弓的握法为右手满握手柄，可将食指伸出控制锯弓方向，左手扶住锯弓前端，大拇指放到锯弓上方，其余四指放到锯弓前端，锯弓要与右手小臂成一条直线，如图 2-2-8 所示。注意：不可将手指放到锯条下方，防止锯伤手指。

锯削方法

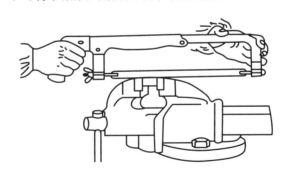

图 2-2-8　锯弓的握法

（2）起锯

起锯是锯削工作的开始，起锯质量的好坏直接影响锯削的质量。起锯有远起锯和近起锯两种，如图 2-2-9 所示。一般情况下采用远起锯比较好，因为锯齿是逐渐切入材料的，锯齿不易被卡住，起锯比较方便。近起锯由于突然切入较深，容易被工件棱边卡住甚至崩断。无论用哪一种方式起锯，起锯角度都应小于 15°。起锯应选择在线外起锯，也就是在多余材料的一侧起锯，如图 2-2-10 所示。留好锉削余量，一般锯削的锯缝应与加工划线保持 0.5~0.7mm 的距离，余量过多会导致锉削困难，过少容易锯到线上或锉削不能消除锯削痕迹。

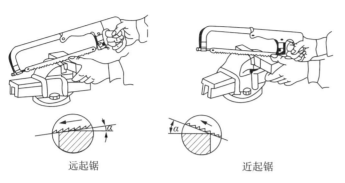

远起锯　　　　　　　　近起锯

图 2-2-9　起锯方式

图 2-2-10　线外起锯

起锯时，锯缝应和划线平行，留余量均匀，如果是板料，则可以用废料来直接靠在划线上进行起锯，这样的起锯准确可靠，并且不能用大拇指靠住，避免受伤。锯削时应始终保持锯条与工件垂直，这样才能锯出竖直的直线。

（3）锯削姿势

锯削时姿势非常重要，不正确的锯削姿势对锯削质量和速度的影响非常严重。锯削时，推力与压力由右手控制，左手主要是配合右手扶正锯弓，压力不能过大。向前推时施加压力，返回时不参与锯削，自然拉回锯弓。工件将要锯断时，右手压力要轻，避免压力过大而造成锯条折断伤人。

锯削时，双脚要与肩同宽，左脚在前，右脚在后，锯弓与右手成一条直线，如图 2-2-11 所示。

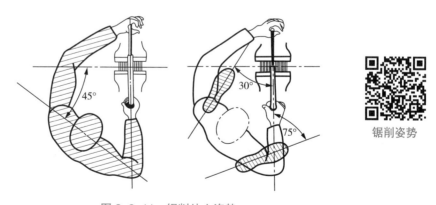

图 2-2-11　锯削站立姿势

锯削姿势

开始锯削时用力要均匀且缓慢，左手扶压锯弓头部，右掌推送锯弓，并且上身倾斜跟随，右腿伸直稍向前倾，重心落在左膝上，运动过程中逐步弯曲，两臂继续送锯弓到头。锯削时应用身体的力量进行锯削，这样才不易劳累。手腿配合要协调一致，右腿伸直向前蹬力，顺势收锯，身体前倾，重心后移，恢复原位，动作协调节奏准确，接着再锯下一回。良好的锯削应手腿配合，协调一致，锯削节奏舒适，顺畅自然，如图 2-2-12 所示。

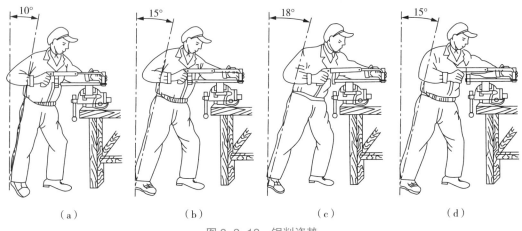

（a）　　　　　　　（b）　　　　　　　（c）　　　　　　　（d）

图 2-2-12　锯削姿势

（4）锯弓的运动方式

① 直线运动：两手扶住锯弓，均匀用力，向前推动锯弓，水平拉回，锯弓不做任何摆动。一般锯缝底面要求平直的槽或锯削薄板零件时多采用直线运动，另外，在锯削直角快结束时，也需要采用直线运动。

② 弧线运动：也叫上下摆动式，运动方式跟游乐园"海盗船"摆动方式一样，向前推锯弓时，右手下压，左手上提，锯弓头部由低慢慢翘起，拉回时，左手下压，右手提起，恢复原位。锯断材料和增加锯削速度时，采用弧线运动方式。

（5）锯削速度

锯削速度以每分钟 20 ~ 40 次为宜，锯削软材料可以快一点，锯削硬材料应该慢一点。速度过快，锯条发热严重，容易磨损。必要时可加少量水、乳化液或机油进行冷却，以减轻锯条的发热磨损。注意不要让油液滴落到地面。锯削时要尽量使锯条的全长都利用到，若只集中于局部长度使用，则锯条的使用寿命将相应缩短。因此，一般锯削的行程应不小于锯条全长的 2/3。

【TIPS】

锯削注意事项

（1）起锯时观察工件装夹与锯条安装是否正确。

（2）锯削速度不要过快，不要用力过猛，随时注意锯削姿势。

（3）锯削过程中需要随时观察锯缝情况，根据余量大小随时纠正。

（4）工件将要锯断时，应小心谨慎，用手扶持工件，防止掉落砸伤脚或损坏工件。

（五）不同形状材料的锯削

（1）棒料的锯削：棒料的断面如果要求平整，则应从起锯开始，连续锯到结束。如果断面要求不高，则可以改变锯削方向，这样会使锯削面变小，从而变得容易锯入，当中心变得较细时，可以用手折断，来提高效率。

（2）管子的锯削：在锯削之前，应将管料装夹在 V 形的木块之间，以避免管子变形和表面夹伤，锯削时选用细齿锯条，为了避免锯齿被管壁钩住，在锯削到管子内壁时，应停下，将管子转动一定的角度再开始锯削，如此反复，直至将管子锯断。注意转动方向时，应使已锯的部分向锯条推进方向转动，否则锯齿仍然可能被管壁钩住，如图 2-2-13 所示。

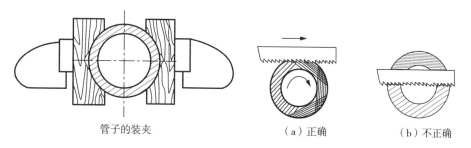

管子的装夹　　　　　　（a）正确　　　　　（b）不正确

图 2-2-13　管子的锯削

（3）薄板料的锯削：锯削薄板应选用细齿锯条，并将薄板装夹在两木板之间，连木板一起锯下，这样可以避免锯齿被钩住，同时也增加了板料的刚度，锯削时不会振动，如图 2-2-14 所示。如不装夹木板，手锯就做横向斜推锯，这样锯齿也不容易钩住，如图 2-2-15 所示。

铝板的锯削

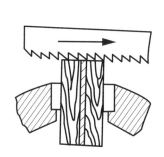

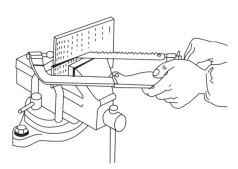

图 2-2-14　薄板的装夹方式　　　　图 2-2-15　薄板的横向推锯

（4）深缝锯削：工件锯削长度大于锯弓高度叫作深缝锯削，这时应将锯条转过 90° 角来安装，也可将锯条安装成锯齿朝内进行锯削，如图 2-2-16 所示。

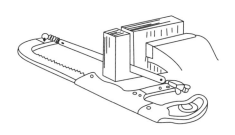

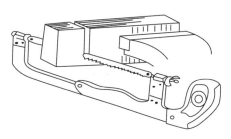

图 2-2-16　深缝锯削

二、锯削缺陷原因分析

（一）锯条折断的原因分析

（1）装得过松或过紧。
（2）锯削部位距离钳口太远。
（3）锯缝歪斜后强行纠正，锯条被扭断。
（4）锯削突然加大压力。
（5）新锯条在旧锯缝中卡住，强行推拉。
（6）锯削快结束时，未减轻压力，撞击断裂。

（二）锯齿崩断的原因分析

（1）锯薄壁管子和薄板料时没有选用细齿锯条。
（2）起锯角太大或采用近起锯时用力过大。
（3）锯削时突然加大压力，锯齿容易被工件棱边钩住而崩断。

（三）锯削废品产生原因分析

（1）在线内或者线上起锯，造成尺寸过小。
（2）锯缝歪斜过多，到了线内。
（3）起锯时把表面损伤。

三、锉削

用锉刀对工件进行切削加工的方法称为锉削。尽管锉削效率不高，但是锉削加工方便、简单、经济，在现代工业生产条件下，仍有一些不便于机械加工的场合需要用到锉削来完成，如装配过程中对个别零件的修整、修理工作及小批量生产条件下某些形状复杂零件的加工，以及样板、模具等的加工，在航空机务工作中运用比较广泛，特别是结构修理和蒙皮修理，在挖孔和边缘对缝、尺寸修锉时经常需要用到锉削技能，因此锉削是机务结构修理人员必须掌握的一项重要的操作技术。

（一）锉刀结构

锉刀是锉削加工的工具。锉刀由专业厂家生产，用碳素工具钢制成（T12~T13），经过热处理后硬度达到洛氏硬度 62~67HRC，如图 2-2-17 所示。

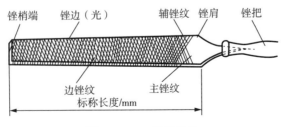

图 2-2-17　锉刀结构

锉刀面是锉刀的主要工作面，上下或侧边都有锉齿，锉刀锉削时，是靠锉齿在工件表面进行切削进行的，如图 2-2-18 所示。锉削直角时要注意侧边不要伤到已经加工完成的面。

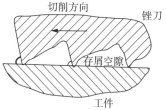

图 2-2-18　锉刀切削原理

（二）锉刀的种类

按锉刀的用途可以分为普通锉刀、异形锉、整形锉。按截面形状可分为平锉、方锉、三角锉、半圆锉、圆锉等，如图 2-2-19 所示。异形锉是用来锉削工件特殊表面形状的，如图 2-2-20 所示。整形锉是用来修整工件上细小部位的，又叫什锦锉刀，如图 2-2-21 所示。

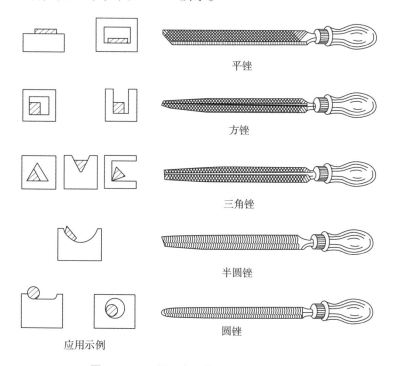

平锉

方锉

三角锉

半圆锉

应用示例

圆锉

图 2-2-19　钳工常见普通锉刀及应用示例

图 2-2-20　异形锉

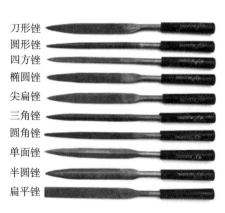

刀形锉
圆形锉
四方锉
椭圆锉
尖扁锉
三角锉
圆角锉
单面锉
半圆锉
扁平锉

图 2-2-21　整形锉

（三）锉刀的选择

（1）锉齿粗细的选择：决定于工件加工余量的大小、尺寸精度的高低和表面粗糙度的粗细，见表 2-2-2。

表 2-2-2　锉刀锉齿粗细的选择

锉刀规格	适用场合		
	加工余量 /mm	尺寸精度 /mm	表面粗糙度 /μm
粗锉刀	0.5 ~ 1	0.2 ~ 0.5	$Ra100 ~ 25$
中锉刀	0.2 ~ 0.5	0.05 ~ 0.2	$Ra12.5 ~ 6.3$
细锉刀	0.05 ~ 0.2	0.01 ~ 0.05	$Ra6.3 ~ 3.2$
油光锉刀	0.05	0.01	$Ra3.2 ~ 0.8$

（2）按工件材质选用锉刀：锉削软材料选用粗锉刀，锉削硬材料选用细锉刀。

（3）按工件表面形状选择锉刀断面形状。

（4）按工件加工面的大小和加工余量多少来选择锉刀：加工面尺寸和加工余量较大时，宜选用较长的锉刀，反之则选用短锉刀。

（四）锉削工件的装夹

（1）工件尽量装夹在台虎钳钳口宽度的中间。

（2）装夹要稳固，但不能使工件变形。

（3）待锉削面离钳口不要太远，以免锉削时产生振动而发出噪声，一般待锉削面距离钳口 10 ~ 15mm。

（4）装夹精加工面时，台虎钳钳口应衬以软钳口或其他材料，以防表面夹坏。

（5）装夹不规则工件时，要选用合适的夹具。

四、锉削方法

（一）锉刀的握法

锉刀的握法要根据锉刀的大小和形状的不同而改变。

（1）大锉刀（大于 250mm）的握法：右手紧握锉刀柄，左手将拇指的根部肌肉压在锉刀头部，拇指伸直，其余四指弯向手心，捏住锉刀，切记不可用手掌盖住大半个锉刀，如图 2-2-22 所示。

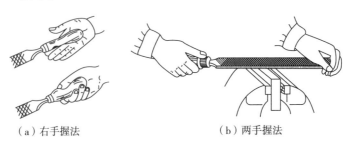

（a）右手握法　　　　　　　（b）两手握法

图 2-2-22　大锉刀的握法

（2）中锉刀（200mm 左右）的握法：右手紧握锉刀柄，左手只需用大拇指、食指扶住即可，不能施加很大的力量，如图 2-2-23 所示。

（3）小锉刀（150mm 左右）的握法：右手食指靠着锉刀边，左手四指压住锉刀面即可，如图 2-2-24 所示。

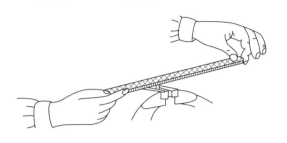 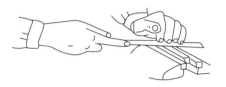

图 2-2-23　中锉刀的握法　　　　　　　　图 2-2-24　小锉刀的握法

（4）整形锉的握法：右手握锉刀，食指压在锉刀面上，其余手指握住锉刀柄，如图 2-2-25 所示。

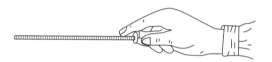

图 2-2-25　整形锉的握法

（二）锉削站位与姿势

锉削时，操作者站在台虎钳的正前方，身体与台虎钳轴线成 45° 角，左脚在前与台虎钳成 30° 角，右脚在后与台虎钳轴线成 75° 角。两手握住锉刀放在工件上面，左臂自然弯曲，右手小臂与工件成一条直线且处于水平位置，如图 2-2-26 所示。

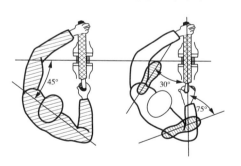

锉削姿势

图 2-2-26　锉削站立姿势

锉削时，身体的重心放在左脚上，右腿伸直，左腿稍弯，身体前倾，双脚站稳，靠左腿屈伸产生上身的往复运动，同时完成两臂的推锉和回锉两个动作。在推锉过程中，身体的前倾角度应随着锉刀位置的变化而不断调整，如图 2-2-27 所示。

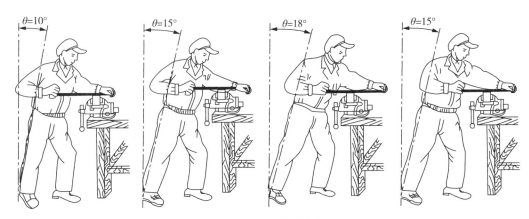

图 2-2-27　锉削动作

要锉削出水平的平面，必须使锉刀保持水平面内的运动。因此，锉削时右手压力要逐渐增加，左手压力逐渐减小，回程不施加压力，可减少锉刀磨损。如锉削时两手施力不变，则开始阶段刀柄会下偏，而锉削终了时前端又会下垂，结果将锉成两端低，中间凸起的鼓形表面，如图 2-2-28 所示。

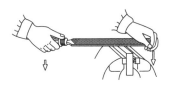
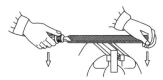
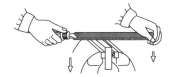

锉削起始位置用力示意　　　　锉削中间位置用力示意　　　　锉削结束位置用力示意

图 2-2-28　锉削示意

锉削速度每分钟 40~60 次，要求推出时的速度稍慢，回锉时的速度稍快。整个锉削动作应手腿配合协调、自然连续。

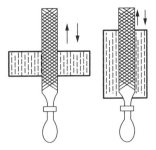

图 2-2-29　顺向锉

交叉锉

（三）平面锉削

平面锉削是锉削中最基本的一种，常用顺向锉、交叉锉、推锉三种操作方法。

（1）顺向锉：是最普通的锉法。不大的平面和最后锉光滑都采用这种锉法，它可以得到正直的刀痕。关键是锉刀要端到水平状态，需要大量的练习操作，如图 2-2-29 所示。

（2）交叉锉：平面交叉锉削有两种方法，一是直交叉，即纵向锉一次，横向再锉一次；二是斜交叉，即锉刀与被锉削边成 30°~40°，先由左至右锉一次，再由右至左锉一次，如图 2-2-30 所示。由于锉刀与工件的接触面大，所以锉刀容易被端平，同时可以从锉削痕迹上判断锉削面的高低状况，以便于不断地修正锉削部位。交叉锉法只适用于粗锉，精锉时必须采用顺向锉法或推锉法，使锉纹变直，纹理一致。

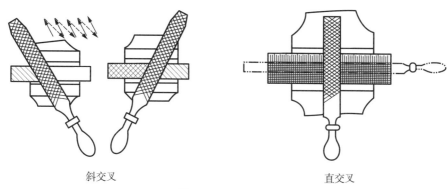

斜交叉　　　　　　　　　　　直交叉

图 2-2-30　交叉锉

（3）推锉法：一般用来锉狭长的平面。若用顺向锉而锉刀运动有阻碍时也可以采用。推锉法不能充分发挥手的力量，锉齿的切削效率也不高，只适用于加工余量较小的场合。推锉法锉削狭长平面，锉刀横放于工件上，两手分别放在左右两侧，距离不能太远，双手四指抵住锉刀边，前推后回进行锉削，保持平衡，用力要均匀。双手的压力应随着表面的光滑程度变得越来越轻，不然锉削平面会被锉刀锉纹压出很深的纹路，如图 2-2-31 所示。

推锉法

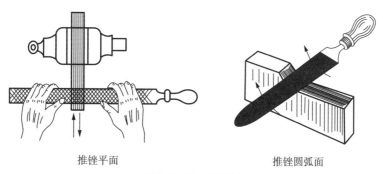

推锉平面　　　　　　　　　　推锉圆弧面

图 2-2-31　推锉法

　　小任务 2：张三要制作一块蒙皮，在对蒙皮边缘进行修锉时用了粗锉刀，经检测尺寸符合要求，但是边缘粗糙，张三觉得蒙皮大小合适就可以了，打算直接用在飞机上，请问这样可以吗？如果你是张三，你应该怎么做？

　　任务实施：

　　跟小组同学讨论，将答案写在下方。

－－－

－－－

－－－

（四）平面检测方法

（1）尺寸检测：锉削后的质量检查至关重要，稍不注意就会造成工件尺寸或形状位置超差而报废。锉削时，要时刻注意用量具检查工件尺寸，特别是当尺寸值接近公差范围时。

（2）平面度检测：锉削平面一般用钢直尺或刀口尺采用透光法来进行检测，如图2-2-32所示。刀口直角尺应将刀口边垂直放在工件锉削表面上，在纵向、横向、对角线方向多次进行检测，以判定整个加工面的平面度。如果检测处透光微弱而均匀，则说明此处较为平直；如果光线强弱不一，说明该方向不是直的，光线强处比较低，光线弱处比较高。每一次改变刀口直角尺位置时，应将刀口直角尺提起来，再重新放下，不应在平面上拖动，避免刀口边磨损，影响测量精度。

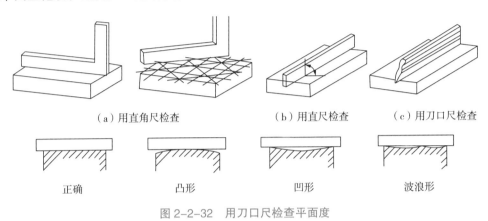

　　（a）用直角尺检查　　　　（b）用直尺检查　　　　（c）用刀口尺检查

正确　　　　　　凸形　　　　　　凹形　　　　　　波浪形

图 2-2-32　用刀口尺检查平面度

（五）面锉削

（1）锉削外圆弧：锉刀要同时完成两种运动，前进运动和锉刀绕圆弧中心的运动。有两种锉削方法：顺向滚锉法和横向滚锉法。

顺向滚锉法：在锉刀做前进运动的同时，还绕工件圆弧的中心做摆动，摆动时右手把锉刀柄部往下压，而左手把锉刀前端向上提，这样锉出的圆弧面不会出现带棱边的现象。但这种方法不易发力，锉削效率不高，故适用于精锉圆弧，如图2-2-33所示。

横向滚锉法：锉刀做直线运动，并不断随着圆弧面滚动，锉削效率高，适用于加工余量较大的场合，但是圆弧面只能锉削成近似圆弧的多棱形，只适用于圆弧面的粗加工。所以圆弧面粗锉成多棱形后，要再用顺向滚锉法精锉成圆弧，如图2-2-34所示。

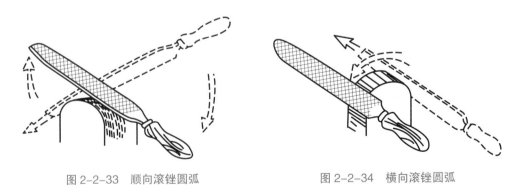

图 2-2-33　顺向滚锉圆弧　　　　　　　图 2-2-34　横向滚锉圆弧

（2）锉削内圆弧面：锉削必须选用各种半圆锉、圆锉，并且锉刀的圆弧半径必须小于或等于加工弧的半径，如图2-2-35所示。锉削内圆弧面时，锉刀要同时完成三个运动：锉刀的前进运动、锉刀沿圆弧方向的左右移动、锉刀沿自身中心线的转动。必须使这三个运动同时作用于工件表面，才能保证锉出的内圆弧面光滑、准确，如图 2-2-36所示。

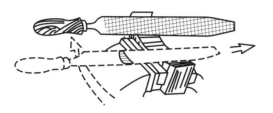

图 2-2-35　用半圆锉锉削内圆弧　　　　　图 2-2-36　用圆锉刀锉削内圆弧

【TIPS】

（1）锉刀在工作台上应摆放整齐，不能锉刀与锉刀、锉刀与量具叠放、混放，锉刀柄不可伸出工作台之外，以免碰落到地上砸伤脚或损坏锉刀。

（2）锉刀必须装手柄使用，且手柄不得开裂，以免刺伤手心。松动的锉刀柄应装紧后再用。

（3）锉削时，锉刀不能与工件相撞，以免刀柄脱落造成事故。

（4）铁屑只能用毛刷进行清除，不能用嘴吹，以免铁屑飞入眼睛。

（5）锉刀不能当撬棒使用或敲击工件，防止锉刀折断造成事故。

五、锉削常见的缺陷分析

1. 工件表面夹伤或变形
（1）虎钳未装软钳口，应在钳口与工件间垫上铜皮或铝片。
（2）装夹时夹紧力过大。
2. 工件平面度超差
（1）选用锉刀不当。
（2）锉削时双手推力及压力在运动中未能协调。
（3）未及时检查平面度及采取措施。
（4）工件装夹不正确。
3. 工件尺寸偏小超差
（1）划线不正确。
（2）未及时测量或测量不准确。
4. 工件表面粗糙度达不到要求
（1）锉刀齿纹选用不当。
（2）锉纹中间嵌有锉屑未及时清除。
（3）粗、精锉削加工余量选用不合适。

任务实施

下料与修锉实操训练任务实施练习：根据工单工作任务要求，完成下料与修锉操作练习。按照航空维修标准和工具管理规范，确保所有项目都完成，没有遗漏，工作过程正确。签署工卡时按照航空机务工作工卡签署"九字方针"——"看一项、做一项、签一项"进行。

实习工作单		适用课程类型	
		飞机维修类	
实习项目	下料与修锉		
工具/设备	铅笔、钢直尺、气钻、去毛刺工具、锯弓、锉刀、划规		
消耗材料	铝板、锯条、麻花钻		
工序	工作任务描述	学员	教员
1	**安全要求/注意事项** （1）防止铝板边缘毛刺划伤手； （2）钻孔操作时必须佩戴护目镜； （3）钻孔过程中，严禁嘴吹铝屑		
2	**工作准备** （1）清点工具、量具、设备； （2）检查并确定给定的铝板尺寸为 151mm × 101mm × 5mm		
3	**工作流程** （1）根据图样要求，确定零件的 A、B 基准面，并做好标记； （2）锉削基准面 A 和 B，保证 $A \perp B$，且与大平面垂直； （3）用钢直尺、划规和铅笔对照图样划出零件外观轮廓； （4）锉削零件外观尺寸及 $R5$ 圆弧，直至符合要求； （5）划出零件内部挖形图轮廓，并检查划线是否符合要求； （6）在气钻上装 $\phi4.1$ 钻头，钻削四角 $\phi4.1$ 孔。沿着挖形内轮廓进行钻排孔操作，注意不要钻到轮廓线上，留好锉削余量； （7）左右偏转钻头，将排孔之间的余量切断； （8）用锉刀锉削挖形轮廓； （9）对所有棱边进行去毛刺操作		
4	**测试/检查** （1）铝板表面平整、没有划痕及毛刺； （2）铝板外轮廓尺寸符合要求； （3）零件外轮廓圆弧尺寸符合要求； （4）所有挖形尺寸符合要求； （5）所有锉削面与大面垂直		
5	**工作结束** （1）清洁工具、量具，清点工具、量具； （2）清洁工作现场		
工作单类型		完工日期	完工签署	第1页，共2页
□基础培训	☑技能培训			

（续）

附图如下，单位为 mm：

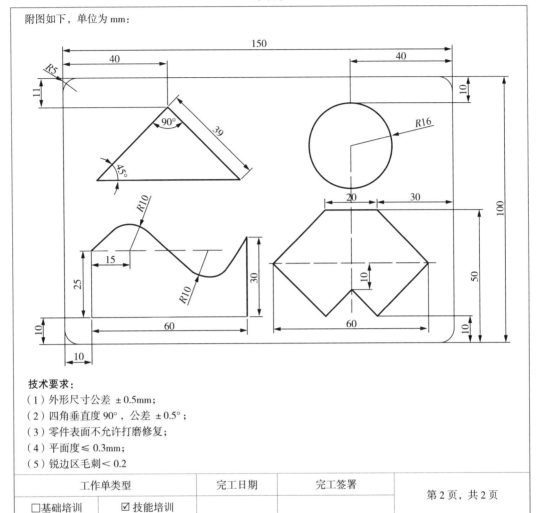

技术要求：

（1）外形尺寸公差 ±0.5mm；

（2）四角垂直度 90°，公差 ±0.5°；

（3）零件表面不允许打磨修复；

（4）平面度 ≤ 0.3mm；

（5）锐边区毛刺 < 0.2

工作单类型		完工日期	完工签署	第 2 页，共 2 页
□基础培训	☑技能培训			

评价与反馈

学生对自己完成任务做自我评价，完成下表。

	班级：	姓名：		学号：		
序号	考核项目	考核要点	配分	评分标准		得分
1	划线	划线位置	10	划线位置正确，明显错误每处扣 1 分，最高扣 10 分		
2	下料与修锉	内部形状边距	20	每错一处扣 5 分，最高扣 20 分		
3		内部形状尺寸	20	超差不得分，每错一处扣 5 分，最高扣 20 分		
4		内部形状平行与垂直	10	超差不得分，每错一处扣 2 分，最高扣 10 分		

（续）

序号	考核项目	考核要点	配分	评分标准	得分
	班级：	姓名：		学号：	
5	下料与修锉	表面粗糙度 $Ra6.3\,\mu m$	10	出现棱角、裂纹每处扣1分，最高扣10分	
6		圆弧尺寸	10	每处扣2.5分，最高扣10分	
7		毛刺	10	孔口出现毛刺，每处扣1分，最高扣10分	
8	安全文明生产	正确执行国家有关安全技术操作规程及文明生产规定	4	违规扣4分	
9	设备使用	气钻使用符合相关规定，气钻无损坏	3	违规扣3分	
10	工量具使用	各种工具、量具的使用符合有关规定	3	违规扣3分	
合计			100		

否定项：造成设备严重损坏及人员重伤以上事故，考核全程否定，即按零分处理。

思考与练习

一、单选题

1. 锉削 60° 角应选择（　　）。

A. 平锉刀　　　　　B. 方锉刀　　　　　C. 三角锉刀　　　　D. 半圆锉刀

2. 曲面检测时靠（　　）。

A. 目视　　　　　　B. 划线　　　　　　C. 半径规　　　　　D. 塞规

二、多选题

1. 锯条折断是因为（　　）。

A. 装得过松　　　B. 装得过紧　　　C. 暴力操作　　　D. 更换新锯条强行推拉

2. 锯齿崩断是因为（　　）。

A. 薄板没有选细齿锯条　　　　　　B. 起锯角度太大

C. 锯齿被棱边钩住

3. 锯削产生废品是因为（　　）。

A. 线上起锯　　　B. 表面损伤　　　C. 锯到线内

4. 锉削直角可以选择（　　）。

A. 平锉刀　　　　B. 方锉刀　　　　C. 三角锉刀　　　　D. 半圆锉刀

5. 平面锉削的方法有（　　）。

A. 顺向锉　　　　B. 交叉锉　　　　C. 推锉

6. 最后平面锉光应选择（　　）。

A. 顺向锉　　　　B. 交叉锉　　　　C. 推锉

7. 外圆弧锉削方法有（　　　　）。

A. 顺向锉　　　　　B. 顺向滚锉　　　　C. 横向滚锉

8. 工件表面夹伤的原因有（　　　　）。

A. 未装软钳口　　　B. 用力过大　　　　C. 本身有伤

9. 工件尺寸不正确的原因有（　　　　）。

A. 划线不正确　　　B. 测量不正确　　　C. 测量过晚

10. 工件表面粗糙的原因有（　　　　）。

A. 锉齿较细　　　　B. 锉齿较粗　　　　C. 锉刀中有铁屑　　D. 更换锉刀较晚

三、判断题

1. 锯弓分为固定式和可调式。（　　　　）

2. 锯齿在锯条上是排列的一根直线。（　　　　）

3. 锯削软材料应选细齿锯条。（　　　　）

4. 锯削薄的铝板应选用粗齿锯条。（　　　　）

5. 锯条安装时，越紧越好，锯缝才容易锯直。（　　　　）

6. 锯条安装时，锯齿应向后。（　　　　）

7. 锯削时，工件装得越高越便于观察。（　　　　）

8. 装夹已加工表面和精度比较高的表面，需要夹持软口钳，以免夹坏工件表面。（　　　　）

9. 锯削速度越快越好，这样板料才容易锯断。（　　　　）

10. 锯削时不需要冷却液。（　　　　）

11. 锯削余量留得越小越好，这样可避免锉削。（　　　　）

12. 锉削软材料选用粗锉刀，锉削硬材料选用细锉刀。（　　　　）

13. 加工面尺寸和加工余量较大时，宜选用较长的锉刀，反之则选用短锉刀。（　　　　）

14. 加工余量越大，选择锉刀越粗。（　　　　）

15. 为了便于观察尺寸，工件装得越高越好。（　　　　）

16. 天下武功，唯快不破，所以锉削速度越快越好。（　　　　）

四、问答题

1. 锯条在安装时有什么要求，对锯削有什么帮助？

2. 锯条在制造时为什么锯齿要左右错开？

3. 锯削工件选择锯条时，锯条的粗细应如何选择？

4. 锯削时工件装夹有哪些要求？

5. 远起锯和近起锯的方法和优缺点是什么？

6. 锉削时工件装夹有哪些要求？

7. 凸圆弧的锉削有哪两种方法，各自优缺点是什么？

8. 锉削平面应如何进行检测，锉削圆弧又如何进行检测？

项目三 钻孔

📋 任务引入

某教师为了测试学生的钻孔水平，设置了如图 2-3-1 所示的测试任务，测试的零件需要对外观进行修锉和在表面钻孔，那么需要用到哪些工具设备，在安全防护上需要注意什么，应该如何完成呢？

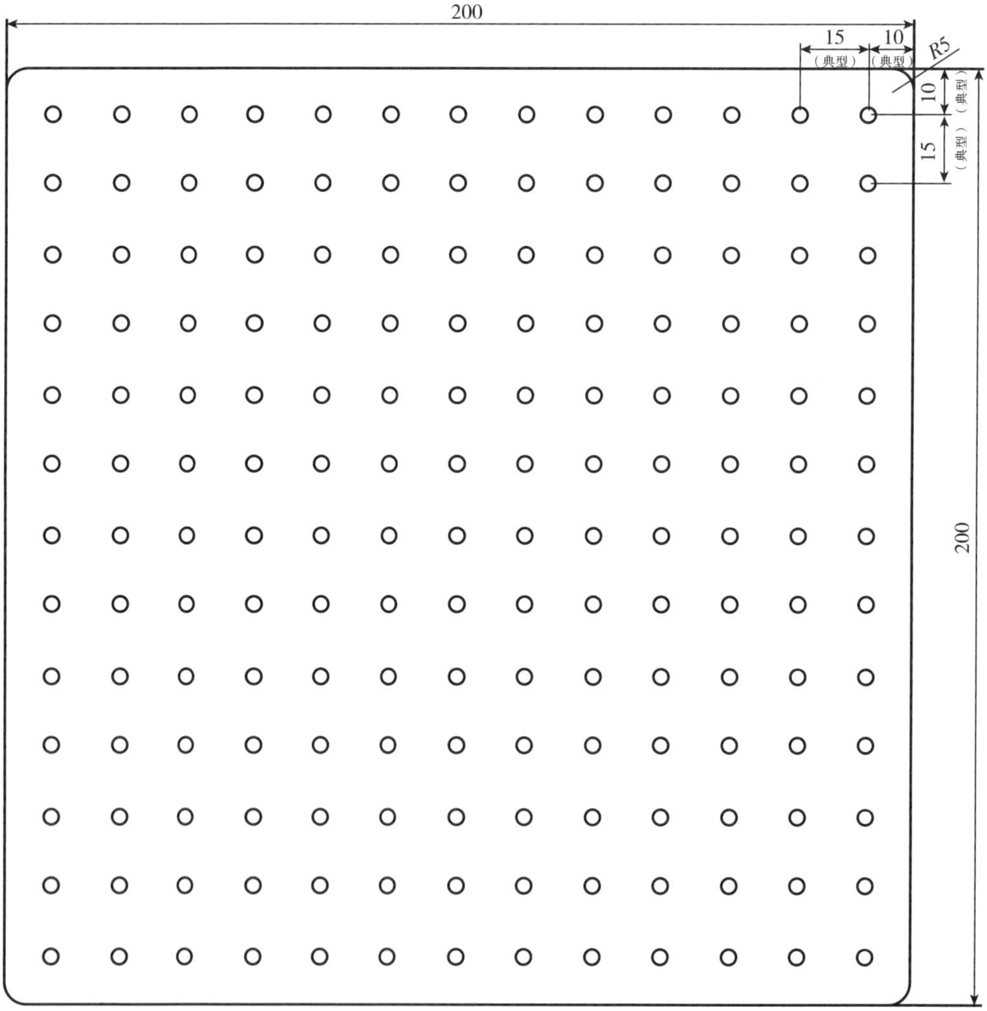

图 2-3-1 钻孔测试任务

🔍 **想一想**

钻孔操作在飞机制造时，在哪些部位能够得到体现？运用是否频繁？需要注意哪些安全防护？在飞机上应该采用什么方法进行钻孔？要达到什么样的质量要求？

🖨 **前导知识**

用麻花钻在实体材料上加工孔的操作称为钻孔，钻孔能够获得比较光滑的孔壁，是目前制铆钉孔的主要方法。但钻削时钻头的转速高，切削量比较大，摩擦力大，钻头升温快，易造成钻头磨损，细长的钻头还容易将孔钻偏，所以钻孔精度不高，利用气钻钻孔尺寸精度一般为 IT12 级，表面粗糙度一般为 $Ra12.5\,\mu m$。

一、钻孔设备

钻孔常用的设备有台钻、立式钻床、摇臂钻床、电钻、气钻。

（1）台钻：一种小型钻床，一般用来加工小于 12mm 的孔。台钻的转速可以进行调整，一般有五挡调节，调整转速时要先停车。在调整转速时，三角带要处于同级水平位置，如图 2-3-2 所示。

钻孔时，由于工件高低不一，常常需要调整台钻的高度，才可以进行钻孔操作。在调整高度时，必须先松开锁紧手柄，然后使用旋转摇把进行调整，高度调整好后，再将锁紧手柄锁好。

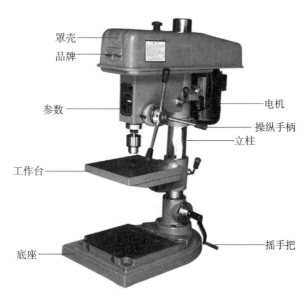

图 2-3-2　台钻

（2）立式钻床：简称立钻，其最大钻孔直径有 25mm、35mm、40mm 和 50mm 等几种规格，立式钻床功率较大，结构完善，可以获得较高的加工精度，并且它的变速范围较大，适用于不同材料的钻孔加工，如图 2-3-3 所示。

（3）摇臂钻床：摇臂钻床在使用过程中除主运动和进给运动外，还可以实现三个辅助运动，分别是摇臂绕内立柱的360°旋转、主轴箱沿摇臂水平导轨的移动以及摇臂沿丝杠的上下移动，如图2-3-4所示。

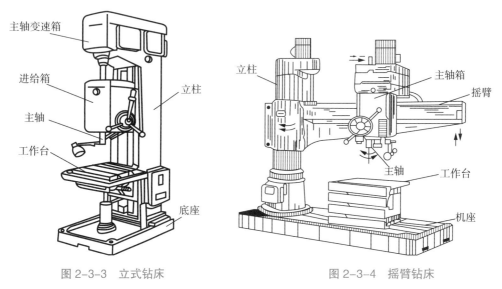

图 2-3-3　立式钻床　　　　　　　　　　　图 2-3-4　摇臂钻床

（4）电钻：一般工件上对孔要求不高的时候，也可以用手电钻进行钻孔，手电钻使用方便、灵活，如图2-3-5所示。

图 2-3-5　电钻

（5）气钻：是一种手持式气动工具，如图2-3-6和图2-3-7所示。主要用于对金属构件的钻孔工作，尤其适用于薄壁构件和铝镁等轻合金构件上的钻孔工作。速度快、效率高、操作简便、安全、有效降低劳动强度，广泛用应用于家电制造，房屋装修，汽车船舶制造，航空航天工业制造及维修行业；功率大，无火花，在高瓦斯矿井中、航空燃油区域等，尤其能体现其安全性。也可根据不同转速装备不同的附件，将其当风批、刻磨机、补胎机等多种用途使用。

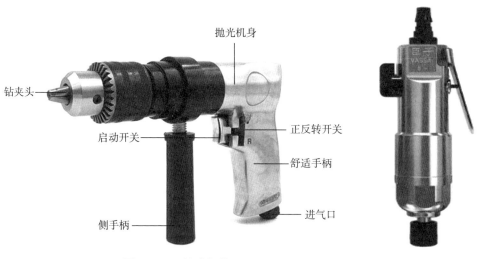

图 2-3-6　枪式气钻　　　　　　　图 2-3-7　直式气钻

二、麻花钻

（一）麻花钻结构

麻花钻是钻孔常用的切削工具，常用高速钢制造，工作部分经热处理淬硬至62~65HRC。麻花钻有锥柄麻花钻和直柄麻花钻两种，其结构主要由工作部分、柄部以及颈部组成，如图2-3-8所示。

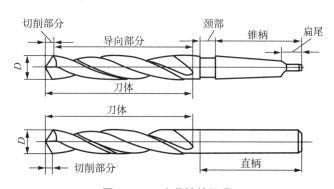

图 2-3-8　麻花钻的组成

（1）柄部：是钻头的夹持部分，起传递动力的作用，柄部有直柄和锥柄两种，直柄传递扭矩较小，一般用在直径小于12mm的钻头；锥柄可传递较大扭矩（主要是靠柄的扁尾部分），用在直径大于12mm的钻头。

（2）颈部是砂轮磨削钻头时退刀用的，钻头的直径大小等一般也刻在颈部。

（3）工作部分：它包括导向部分和切削部分。导向部分有两条狭长、螺纹形状的刃带（棱边即副切削刃）和螺旋槽，如图2-3-9所示。切削部分是由两个前刀面、两个后刀面、两条主切削刃和一条横刃组成，起主要切削作用。两条主切削刃之间的夹角称为顶角，通常为116°～118°，如图2-3-10所示。

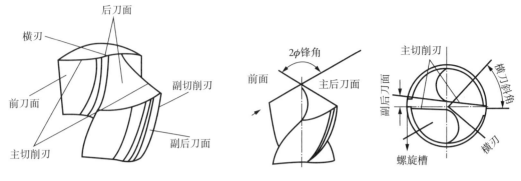

图 2-3-9 麻花钻顶部结构　　　　　　　图 2-3-10 麻花钻的顶角

（二）麻花钻的缺点

（1）横刃较长，在切削过程中，横刃处于挤刮状态，使轴向抗力增大，同时钻孔的定心不好，麻花钻容易发生抖动。

（2）主切削刃上各点的前角大小不一，使切削性能不同，靠近钻心处的前角是负值，切削条件差，并处于挤刮状态。

（3）麻花钻的棱边较宽，又没有副后角，靠近主切削部分的棱边与孔壁摩擦较严重，容易发热和磨损。

（4）主切削刃刀尖外边沿处前角很大，刀齿较薄，切削速度在此处最大，发热与磨损都很严重。

（5）主切削刃全长参与切削，铁屑卷曲成螺旋状，容易堵塞在螺旋槽内，造成排屑不畅，切削液也不容易加注到主切削刃上。

三、钻孔

（一）钻头的选择

（1）选择钻头类型：麻花钻是在实体材料上钻出孔的刀具，常用于钻初孔及非精孔的钻制，麻花钻常用材料有碳素钢、高速钢、合金钢，选择原则是麻花钻的材料硬度高于工件材料硬度。碳纤维复合材料、钛合金材料等需要采用硬质合金或金刚石涂层钻头。

（2）选择钻头直径：钻头直径按铆钉孔直径进行选择。钻大孔时钻削余量要分多次进行，一般的铆钉孔不需铰孔，但是直径大于 6mm 的铆钉孔需要铰孔，钻孔要求较高时，如高锁螺栓孔，也需要先钻小孔，再铰孔操作，所以选择钻头直径应根据实际情况或工艺规程来进行。

对于铆钉孔直径小于 4mm，且要求不高的孔，可以直接钻孔。大于 4mm 时，应先钻初孔，一般初孔钻 $\phi 2.6$，扩孔至 $\phi 3.1$，扩孔至 $\phi 3.6$，再扩孔至 $\phi 4.1$，然后逐级扩孔至铆钉孔径大小，采用这种分步钻孔可以获得较高的加工精度，避免孔径超差。

不同制孔方法能达到的精度和表面粗糙度，见表 2-3-1。

表 2-3-1　不同加工方法对孔的影响　　μm

加工方法	钻孔	扩孔	铰孔		
			手铰	气钻铰	机铰
公差带	H12	H9	H7	H9	H7
表面粗糙度 Ra/μm	> 1.6~3.2	1.6	0.8	0.8	0.8
特点	孔壁不易产生裂纹，速度快	孔壁光滑无裂纹	孔壁精度高、粗糙度小		

非干涉铆接情况下，铆钉孔的直径一般比铆钉杆直径大 0.1mm，这样不仅便于放铆钉且钉杆能较好地填满钉孔，而且可以避免铆接变形。铆钉孔径的尺寸要求见表 2-3-2。

表 2-3-2　铆钉孔直径及其极限偏差　　mm

铆钉直径	2.0	2.5	2.6	3.0	3.5	4.0	5.0	6.0	7.0	8.0	10.0
铆钉孔直径	2.1	2.6	2.7	3.1	3.6	4.1	5.1	6.1	7.1	8.1	10.1
铆钉孔极限偏差	+0.10 / 0					+0.15 / 0			+0.20 / 0		
更换同号铆钉时的孔极限偏差	+0.20 / 0							+0.30 / 0			

（3）选择钻头长度：选择钻头长度时，尽量选短一些的钻头，因为钻头越短刚性越好，但必须满足工件板厚和钻孔的尺寸要求。标准型的钻头长度为 6in，较短型的钻头长 3in，加长型钻头长 12in。

（4）选择钻头其他要求：麻花钻的两主切削刃必须保持锋利且等长，两切削刃与轴线夹角相等。钻头的顶角根据被加工材料的软硬不同选择：铝合金 90°～110°，钢 118°～140°，镁合金 80°～110°。在不开敞的部件上钻孔采用弯钻钻孔，或长钻头钻孔。

小任务 1：张三接到任务，需要制作一个飞机结构，张三审阅产品图样，发现需要在产品上安装 φ4 直径的平锥头铆钉，请你替张三选择钻头的大小及加工流程？

任务实施：

学习完钻头选择后，将答案写在下方。

（二）钻孔工艺参数

（1）铝合金：切削速度可选用 45 ～ 90m/min；铝合金零件要注意排屑，防止刀瘤；解决切削黏刀问题，可用煤油与菜油的混合物作切削液；当铆接件中有 LC4 材料的零件，夹层厚度大于 15mm、孔径大于 6mm 时，铆钉孔采用铰孔的加工方法。

（2）钢件：选用大功率低速风钻钻孔，n=600~900r/min；降低切削速度 v<10m/min；进刀量适当加大，s=0.1~0.3mm/r；采用硬质合金钻头钻孔，避免用不锋利钻头强行钻孔，防止孔中材料硬化。

（3）镁合金：选用低转速风钻进行钻孔；切削速度要小，v<10m/min；进刀量适当加大；采用硫化油乳化液冷却润滑。

（4）钛合金：使用短而锋利的标准麻花钻头；采用大功率低转速风钻（n=700~800r/min），保持低速快进给；切削速度小，v=8~10m/min；进刀量 s=0.07~0.09mm/r；最好采用氯类切削液。

（5）碳纤维复合材料：在复合材料上钻孔，主要是防止钻孔中的轴向力产生层间分层和钻头出口处分层。钻孔时，碳颗粒对刀具磨损很厉害，所以应选用钨–钴类硬质合金钻头。钻孔一般选用高转速低进给加工，转速 n=3500~6000r/min、进给量 s=0.02~0.1mm/r 为宜；为避免或减少钻头进口面纤维撕裂，应尽可能先启动气钻，然后再接触制件进行钻孔；钻孔时，尽量不使用润滑剂和冷却剂，防止水分渗入夹层，需使用冷却剂时，也要做烘干处理；钻孔时，钻头在复合材料的孔出口面位置垫支撑物，当钻头快钻通时，施加的轴向力要减小，以防材料劈裂分层；当复合材料与金属零件一起钻孔时，应优先考虑选择在复合材料一面先钻；在复合材料上钻孔，必须保持钻头切削刃锋利，勤磨钻头。

（三）钻孔安全隐患

（1）操作者未正确穿戴防护眼镜、耳塞、安全帽。

（2）操作前未进行检查，气管接头和气钻接头松动，脱落后造成人员受伤。

（3）在安装和拆卸钻头时，直接用手拆卸和紧固，未使用钥匙进行，容易造成人员受伤。

（4）钻头未采取限深保护，容易钻伤产品。

（5）虎钳、弓形夹未采用胶布保护，容易夹伤产品。

（6）起钻时钻头未与工件保持垂直或压力过轻，造成钻头打滑，容易造成产品损伤。

（7）快要钻穿时和扩孔时，未减轻压力和降低转速，容易造成产品受损和人员受伤。

（8）钻孔完成后，未及时分离气管，气钻易掉落地上，造成人员受伤和设备受损。

案例 1

某班级学生在进行钻孔操作时，觉得自己钻孔已经比较熟练，于是没有佩戴护目镜，在使用气钻钻孔的过程中，受到钻孔气流的冲击，由于铝屑较轻，飞入了眼睛，虽然立马用清水冲洗，但是铝屑并未冲出，后续去医院经专业医生才取出铝屑。

由上述案例可以看出，在工作中我们不能盲目地自信，不能轻信自己的感觉，头脑中一定要有安全意识，对自身做好安全防护，遵守安全操作规程，按章操作。只有这样我们才能在工作中保护自身安全、保护身边同事的安全、保证飞机及设备（国家财产）的安全。

（四）钻孔方法

（1）钻孔前应确定工件装夹牢固。钻孔时先将钻头对准划线中心，钻出一个浅坑，观察位置是否正确，如果浅坑位置与划线十字交叉发生偏位需要纠正，将钻头向偏移反方向倾斜钻孔，位置正确后再重新将钻头放垂直。试钻合格再正式钻孔。

（2）起钻时进给量要小，钻头的两个主切屑刃全部切入后才可正常进给。小钻头钻孔时进给要慢，并及时排除切屑以免折断钻头。钻盲孔时必须多次退出钻头以清除切屑，钻通孔时，在孔快钻通时应减小进给，避免发生啃刀。

（3）在各类工件上钻孔要点如图2-3-11所示，其中图（a）为在曲面工件上钻孔，钻头应垂直于被钻部位表面；图（b）为在楔形零件上钻孔，钻头应垂直两斜面夹角的角平分线；图（c）为在不同厚度和不同硬度的零件上钻孔，原则上从厚钻向薄，从硬钻向软。

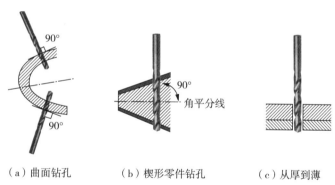

（a）曲面钻孔　　　　（b）楔形零件钻孔　　　　（c）从厚到薄

图2-3-11　各类工件上钻孔

（4）在刚性差的薄壁板上钻孔，工件钻孔出口面应有支撑以防止变形。在复合材料上钻孔必须在孔出口端加硬质塑料垫板夹紧以防止分层。

（5）较厚工件钻孔时应保证孔的垂直度，孔轴线垂直于工件表面。钻孔保证垂直度的方法：用直角尺、用垂直钻套、按钻模钻孔，如图2-3-12所示。用风钻在厚度5mm以上铆接件上钻孔时，除结构不开敞外一般应用垂直钻套或钻模。

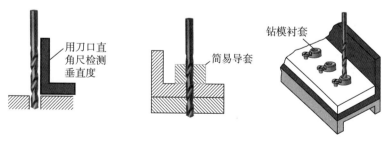

（a）用直角尺检测垂直度　　　（b）按简易导套钻孔　　　（c）按钻模钻孔

图2-3-12　钻孔保证垂直度的方法

（6）在圆柱形工件上钻孔，钻孔前在孔中心打上样冲眼，并将工件放于 V 形铁上，钻头垂直于圆柱形的水平轴线。

（7）需要铆接的各零件上的同一铆钉孔应一起钻至最终尺寸。

（8）平面型组合体尽可能用台钻、大型平面组合件尽可能用钻孔锪窝装置。用台钻钻孔应事先根据工件材质调整好转速，按要求进给量进给。

小任务 2：张三接到任务，需要在飞机产品上安装 $\phi 4$ 的铆钉，首先需要进行钻孔。张三划线完成后，选择了 $\phi 2.6$ 的钻头进行试钻，张三观察起钻位置后发现孔位明显出现了偏斜，张三停下了钻孔操作，请你告诉张三应该怎么解决孔位偏斜的问题？

任务实施：

学习完钻孔方法后，跟小组同学讨论，将答案写在下方。

（五）钻孔操作要点

（1）装夹钻头必须用钻夹头钥匙装卸。

（2）用气钻钻孔时，右手握紧气钻手柄，左手托住气钻的钻身，钻孔时使钻头轴线与工件孔加工表面垂直（楔形工件钻孔除外），如图 2-3-13 所示正确握钻姿势，保持气钻平稳向前推进，右手中指掌握扳机开关，无名指协调控制进气量。

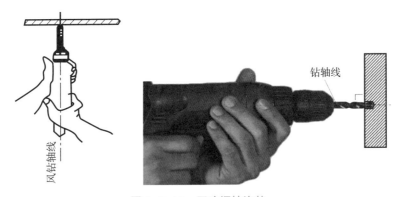

图 2-3-13　正确握钻姿势

（3）钻孔时风钻转速先慢后快，孔快钻透时放慢转速，压紧力要小。在台钻上钻孔时，要根据工件材质，调整转速和进刀量。

（4）使用短钻头钻孔时，根据工件表面开敞情况，可用左手掌托住钻身，大拇指和食指接触钻孔产品表面作为支点，保证钻头钻孔的准确位置，防止钻头打滑钻伤工件。

（5）长钻头钻孔时用手掌握住钻头光杆部位，防止钻头抖动。

【TIPS】

钻孔注意事项

要密切关注间距、边距、行距、R 区，若有必要则应在公差允许的范围内做适当调整。太靠近 R 区要尽量在极限偏差范围内做适当调整。

在相同区域内，如有不同规格的铆钉、螺钉、高锁螺栓及冷挤压孔时，必须标记明确，避免钻错，尤其要避免将小直径的孔钻大、将需要冷挤压的孔直接钻成终孔造成群孔超差。

在有导孔的大型蒙皮上制终孔时，必须将蒙皮与框、梁导孔对正，尤其是与前后、上下方向有活动空间的钣金框进行固定时，一定要仔细检查上下层零件的导孔是否对正到位，避免钣金框移位，从而造成蒙皮单层制孔并在钣金框上形成 8 字孔等故障。

案例 2

某公司部装人员周某在中机身 X 架制 S 蒙皮终孔时，将 S 蒙皮与框安装错位（钣金框弯边宽 20mm），用定位销固定时，上半部分双层连接，下半部分钣金框后移 10mm，未及时发现，形成蒙皮单层连接。当钻孔完成之后发现造成多个 8 字孔及腹板面钻伤，导致产品报废，带来巨大经济损失。

四、孔的毛刺去除

去毛刺方法：

（1）用风钻安装顶角为 120° 的毛刺锪钻去毛刺，或用去毛刺刮刀去除孔边毛刺。

（2）去毛刺尺寸：在孔周围形成 0.02~0.2mm 的均匀倒角。

（3）风钻转速不宜太快，压力要适当。

（4）铆接件在制孔后要分解去毛刺后再组装，应清除各贴合面上孔边的毛刺。凡是可分解的部位都应无条件地进行分解后去毛刺，包括系统零件、托板螺母等。

（5）AO（装配大纲）和典规明确要求不允许分解的部位除外，但不分解的叠层零件孔的进、出口必须按要求去毛刺。

（6）通孔两端均要进行去毛刺。

【TIPS】

去毛刺注意事项

（1）用去毛刺刀头去毛刺时用力太大，或者双面毛刺器上的弹簧太硬，会造成划窝现象，倒角尺寸远远大于要求尺寸。

（2）双面毛刺器的弹簧太软，或去毛刺刀头刃口不锋利，将无法有效去除毛刺。

（3）去毛刺工具若没有拿垂直，造成孔口局部毛刺没有去除，影响产品质量。

五、孔的质量检查

（1）铆钉边距、孔距符合产品图样要求，若图样上未给出铆钉边距时，铆钉孔的边距不小于两倍铆钉直径。

（2）铆钉孔直径符合其极限偏差范围，铆钉孔的圆度在铆钉孔直径极限偏差范围内，铆钉孔表面粗糙度 Ra 值不大于 $6.3\,\mu m$。

（3）铆钉孔轴线应垂直于零件表面，检测方法如图 2-3-14 所示。允许由于孔的偏斜而引起铆钉头与零件贴合面的单向间隙值见表 2-3-3。

表 2-3-3　孔量规凸边端面与零件表面之间允许单向间隙值　　　　　　　mm

铆钉直径	2.0	2.6	3.0	3.5	4.0	5.0	6.0	7.0
间隙量	0.08	0.10			0.15		0.20	

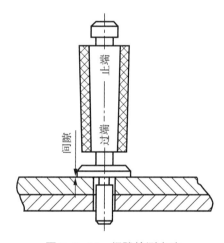

图 2-3-14　间隙检测方法

（4）铆钉孔边缘不应进入板弯件和型材的圆角内，以确保铆钉头不搭在圆角上。

（5）不允许出现铆钉孔棱角、裂纹和孔边毛刺（允许孔边形成深度 <0.2mm 的倒角）。

（6）碳纤维复合材料制孔的质量要求：若有划伤，要求在孔或沉头窝的 25% 范围内，划伤深度 ≤ 0.25mm；若有分层，要求在孔轴向凸出 ≤ 0.25mm；沿孔径向 ≤ 1.78mm；尺寸不允许连续三个以上相邻孔径超差，允许 100 个孔中不超过 5% 的孔超差，不允许出现劈裂、毛刺。

　　小任务 3：在飞机铝制蒙皮产品上钻完 φ4.1 的铆钉孔后，请你告诉张三应怎么检查所钻孔是否符合产品质量要求？

　　任务实施：

　　学习完孔的质量检测方法后，跟小组同学讨论，将答案写在下方。

案例 3

某航空公司机务工作员周某，一次在进行波音 757 飞机结构修理时，由于没有认真审阅图样，在钻孔时，将孔钻到了原来孔位置的旁边，周某顿感不妙，因为钻错孔位，会影响到飞机的结构受力，可能会造成整个结构的报废，影响巨大。但是周某觉得会受到批评和罚钱，并没有立即向上级报告这一情况，反而利用密封胶填补了孔洞，在原有位置上重新钻孔，检验人员也疏于检查，以问代检，后续在该表面喷涂了油漆，飞机也顺利用于了飞行。几个月后，由于长时间飞行，该处蒙皮发生变形，机务人员进行探伤发现了这一问题，通过查阅工卡，发现是周某完成的工作，对周某进行问话，周某交代了事情的经过。后来周某受到了调离机务工作岗位6 个月，重新进行业务技能学习，考核合格后才能再次上岗，在分厂大会上做检查，扣除当年绩效，同时检验员也调离了工作岗位。

通过上述案例我们可以看出，首先，机务工作无小事，即使是一个小小的孔，一旦出错，也会给自身带来严重的影响，甚至可能给飞行带来巨大的隐患。作为一名未来会从事航空机务工作的学生，我们在学习和实训的时候，就要养成严谨、认真、仔细的工作作风，对待工作要有精益求精的工作精神，高标准、严要求地完成任务。其次，机务工作讲究诚信，诚信是一根红线，没有诚信就没有安全。案例中的周某，如果讲诚信，可能就是受到批评或罚款的处分，结果抱了侥幸心理，反而受到了更严的处分。如果飞行过程中没有发现这个问题，可能会在某次飞行中该处结构会受到破坏，造成严重的飞行事故。

六、钻孔故障分析及排除方法

表 2-3-4　钻孔故障分析及解决措施

序号	故障现象	故障产生原因	解决措施
1	孔歪斜	1. 钻头不垂直于钻孔部位； 2. 工件放置偏斜	1. 检查好垂直度后再钻孔； 2. 使用钻杯
2	孔径大于规定尺寸	1. 钻头直径选错，钻头弯曲； 2. 钻头主切削刃不等长； 3. 钻夹头偏摆量超差	1. 正确选择钻头直径； 2. 钻头刃磨后仔细检查； 3. 钻孔前空转检查合格后再用
3	孔径小于规定尺寸	1. 钻头直径磨损； 2. 钻头顶角过小	1. 更换合格钻头； 2. 正确刃磨钻头顶角
4	孔形不圆呈多棱形或孔呈 8 字形	1. 钻头两主切削刃不等长、角度不对称； 2. 钻头主切削刃不光滑； 3. 钻头摆动； 4. 钻初孔和最后扩孔不在同一轴线上	1. 钻头刃磨好后要认真检查； 2. 重磨钻头切削刃； 3. 钻头装夹后检查偏摆，合格再用； 4. 使用导套或钻模钻孔
5	孔径外面大里面小	1. 钻头不锋利； 2. 钻较厚工件排屑不畅； 3. 长时间钻孔手臂疲劳，握钻不稳致使风钻摇摆	1. 钻头刃磨锋利； 2. 钻厚工件勤退钻头排屑； 3. 适当休息，用导套或钻模钻孔

表 2-3-4（续）

序号	故障现象	故障产生原因	解决措施
6	孔边周围毛刺严重	1. 钻头主刀刃不锋利，螺旋槽产生积屑瘤； 2. 孔将要钻透时用力过大	1. 磨锋主刀刃，清除积屑瘤； 2. 孔将要钻透时减小进给力
7	孔位钻偏或跑钻	1. 初钻钻头选择过大、横刃太长、定心不准，不牢； 2. 风钻启动时钻速太快	1. 先用手转动钻夹头，钻头定准位后再钻孔； 2. 启钻时慢速旋转
8	孔钻穿后钻夹头戳伤蒙皮	1. 孔钻穿时用力过猛； 2. 钻头尾柄处未安放防护物	1. 孔将要钻穿时控制住进给力； 2. 在钻头尾柄处套上胶垫或纸胶带
9	钻头突然折断	1. 钻头主刀刃磨钝，钻孔时强力推进； 2. 孔钻穿时用力大促使钻夹头摇晃； 3. 钻孔时钻头被卡住，强行用力拽风钻； 4. 钻头钻穿时与后面工件相撞； 5. 分解铆钉时任意摇晃风钻	1. 磨锋主刀刃适当用力推钻； 2. 孔将要钻穿时，减小进给力； 3. 钻头卡住时用手轻力反向旋转钻夹头； 4. 钻孔前先检查后面有无障碍物； 5. 分解铆钉时不要摇晃风钻
10	钻头切屑困难	1. 钻头顶角过小，风钻转速又快； 2. 钻头后刀面高低不一致导致； 3. 钻头退火零件硬化	1. 选磨合适顶角，转速要适当； 2. 正确刃磨钻头； 3. 注意冷却，选用硬质合金钻头
11	复合材料脱层	1. 钻孔出口处未加支撑物； 2. 钻头不锋利	1. 换用硬质合金钻头，刃磨锋利刃口； 2. 出口处用支撑物垫住

⚙️ 任务实施

钻孔实操训练任务实施练习：根据工单工作任务要求，完成钻孔操作练习。按照航空维修标准和工具管理规范，确保所有项目都完成，没有遗漏，工作过程正确。签署工卡时按照航空机务工作工卡签署"九字方针"——"看一项、做一项、签一项"进行。

实习工作单		适用课程类型		
		飞机维修类		
实习项目	钻孔			
工具 / 设备	铅笔、钢直尺、气钻、去毛刺工具			
消耗材料	铝板、锯条、麻花钻			
工序	工作任务描述		学员	教员
1	**安全要求 / 注意事项** （1）防止铝板边缘毛刺划伤手； （2）钻孔操作时必须佩戴护目镜； （3）钻孔过程中，严禁嘴吹铝屑			
2	**工作准备** （1）清点工具、量具、设备； （2）检查并确定给定的铝板尺寸为 200mm × 200mm × 2mm			
工作单类型		完工日期	完工签署	第1页，共2页
□基础培训	☑技能培训			

（续）

工序	工作任务描述	学员	教员
3	**工作流程** （1）根据图样要求，确定零件的 *A*、*B* 基准面，并做好标记； （2）用钢直尺和铅笔按照图样进行划线操作； （3）检查划线是否正确； （4）将 $\phi 2.6$ 钻头装夹在气钻上，进行钻孔操作； （5）更换 $\phi 4.1$ 钻头，对 $\phi 2.6$ 孔进行扩孔操作； （6）对所有孔进行双面去毛刺操作		
4	**测试 / 检查** （1）铝板表面平整、没有划痕及毛刺，符合要求； （2）所有孔位置正确，没有明显偏斜； （3）所有孔圆度正确，孔内光滑，无棱边； （4）所有孔垂直度正确		
5	**工作结束** （1）清洁工具、量具，清点工具、量具； （2）清洁工作现场		

附图如下，单位为 mm：

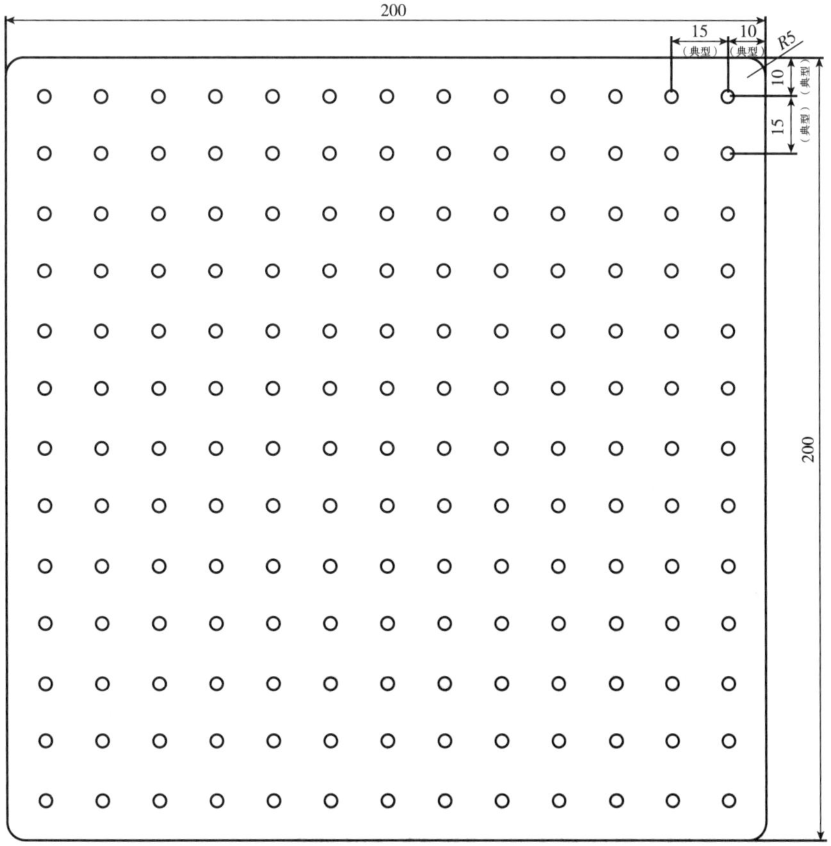

工作单类型		完工日期	完工签署	第 2 页，共 2 页
□基础培训	☑技能培训			

模块二 钣金铆接基本技能训练

评价与反馈

学生对自己完成任务做自我评价，完成下表。

序号	考核项目	考核要点	配分	评分标准	得分
		班级： 姓名： 学号：			
1	划线	划线位置	10	划线位置正确	
2	钻孔	$\phi 4.1$	20	每错一处扣1分，最高扣20分	
3		孔位置 ±0.5	20	超差不得分，每错一处扣1分，最高扣20分	
4		垂直度 ±2°	10	超差不得分，每错一处扣1分，最高扣10分	
5		表面粗糙度 $Ra6.3\mu m$	10	出现棱角、裂纹每处扣1分，最高扣10分	
6		圆度	10	出现椭圆孔，每处扣1分，最高扣10分	
7		毛刺	10	孔口出现毛刺，每处扣1分，最高扣10分	
8	安全文明生产	正确执行国家有关安全技术操作规程及文明生产规定	4	违规扣4分	
9	设备使用	气钻使用符合相关规定，气钻无损坏	3	违规扣3分	
10	工量具使用	各种工具、量具的使用符合有关规定	3	违规扣3分	
	合计		100		

否定项：造成设备严重损坏及人员重伤以上事故，考核全程否定，即按零分处理。

思考与练习

一、单选题

1.飞机上钻孔时，多用（　　）进行钻孔。

A.电钻　　　　　　　B.气钻　　　　　　　C.台钻

2.铆钉孔一般比铆钉直径大（　　）。

A.0.01mm　　　　　B.0.1mm　　　　　　C.0.2mm　　　　　D.1mm

3.起钻偏斜后如何纠正（　　）。

A.换大钻头　　　　　B.放弃　　　　　　　C.换铰刀　　　　　D.向相反方向倾斜钻孔

4.钻孔保持垂直度的方法是（　　）。

A.目视　　　　　　　B.同事纠正　　　　　C.钻杯

5.去毛刺应在孔周围形成（　　）的倒角。

A.0.01mm　　　　　B.0.02mm　　　　　　C.0.3mm　　　　　D.1mm

6. 图样上未给出铆钉边距时，边距可以取（　　）铆钉直径。

A. 1 倍　　　　　　　　B. 2 倍　　　　　　　　C. 3 倍　　　　　　　　D. 4 倍

二、判断题

1. 复合材料上应选择高速钢麻花钻进行钻孔。（　　）

2. 钻孔精度等级较低，一般都选择钻孔然后扩孔。（　　）

3. 非干涉配合且小于 4mm 的孔可以直接钻孔。（　　）

4. 选择钻头时，麻花钻长短都无所谓。（　　）

5. 钻孔时，为了防止打滑，压力应轻。（　　）

6. 在刚性差的薄壁板上钻孔，工件钻孔出口面应有支撑以防止变形。（　　）

7. 在复合材料上钻孔必须在孔出口端加硬质塑料垫板夹紧以防止分层。（　　）

8. 通孔双面都应进行去毛刺。（　　）

9. 用塞规检查孔径时，通端应能插入，止端不能插入。（　　）

三、问答题

1. 钻孔时应从哪些方面考虑选择钻头？

2. 怎样才能在工件表面保持钻孔垂直？

3. 如何防止钻孔出现差错？

4. 钻孔完成后应从哪些方面检查钻孔质量？

项目四　锪窝

📝 任务引入

为了得到飞机的表面光滑的气动外形，所安装的铆钉往往都是与飞机蒙皮表面平齐，这个时候就需要对所钻孔进行锪窝操作，某教师为了训练学生对钻孔后的孔进行锪窝练习，设置了如图 2-4-1 所示的训练任务，训练的零件需要对零件上所有孔进行锪窝，然后在窝里安装沉头铆钉，使铆钉表面与零件表面平齐，那么需要用到哪些工具设备，应该如何完成呢？

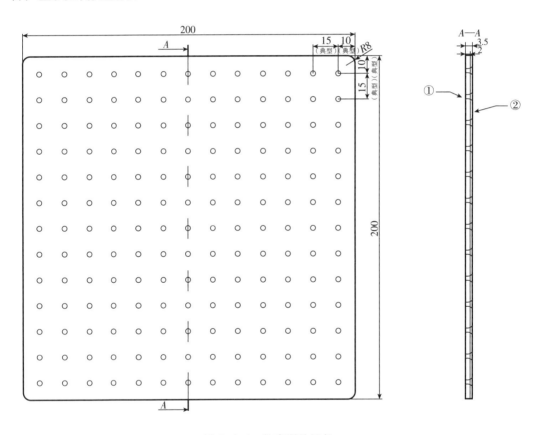

图 2-4-1　锪窝训练任务

🔍 想一想

为什么要对孔进行锪窝操作？锪窝的方法有哪些？怎样的锪窝质量才符合飞机机务工作要求？

📠 **前导知识**

一、制窝

沉头铆钉铆接，需要在工件上制出铆钉孔，然后再制出沉头孔（也称为制沉头窝），这样铆钉才能与蒙皮表面齐平，制窝方法有锪窝法和压窝法。

（一）制窝方法的选择

（1）根据蒙皮和骨架的厚度确定制窝方法：蒙皮厚度 >0.8mm 时蒙皮用锪窝方法；蒙皮及骨架厚度均 ≤ 0.8mm 时，蒙皮骨架均用压窝的方式；当蒙皮厚度 ≤ 0.8mm 时且骨架 >0.8mm 时，蒙皮用压窝、骨架用锪窝，见表 2-4-1。

（2）挤压型材不允许压窝，只能锪窝。

（3）多层零件压窝应分别进行，当必须一起压窝时，其夹层厚度不大于 1.6mm。

（4）锪窝法主要用于较厚构件的制窝，通常当蒙皮厚度大于 1.2mm 时采用。压窝法主要用于厚度小于或等于 0.8mm 的构件制窝。

（5）镁合金、钛合金、超硬铝合金及 1mm 以上厚度的零件压窝都要用热压窝。

表 2-4-1　制窝方法的确定　　　　　　　　　　　　　　　　　mm

蒙皮厚度	骨架厚度	制窝方法	简图
≤ 0.8	≤ 0.8	蒙皮骨架均压窝	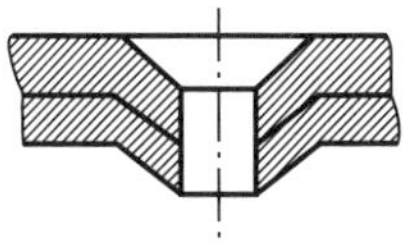
	> 0.8	蒙皮压窝、骨架锪窝	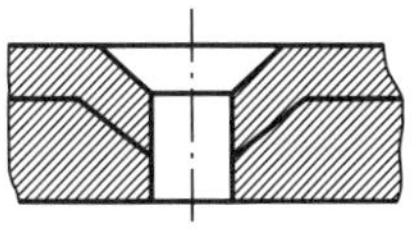
> 0.8	不限	蒙皮锪窝	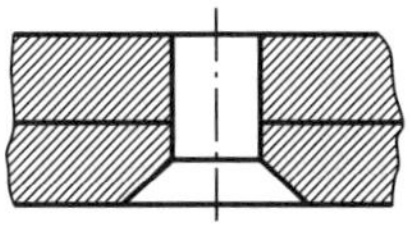

（二）锪窝方法

（1）根据孔径大小及沉头孔角度及部件结构选择锪窝钻的大小及规格。柱形导杆用于一般部位，球形用于楔形工件，结构不开敞部位用反切锪窝钻。窝的角度应与铆钉头角度一致。

（2）选择锪窝钻时，首选带限位器的锪窝钻，可精确控制锪窝深度和窝的垂直度，如图 2-4-2（a）所示锪窝限位器。若锪窝处零件尺寸无法使用限位器时，允许单独使用锪窝钻，如图 2-4-2（b）所示为带导柱的锪窝钻。还可采用如图 2-4-2（c）所示的复合锪窝钻，可以一次加工完成钻孔和锪窝两道工序，这样可以保证孔和窝拥有较好的同轴度，复合锪窝钻可以装在锪窝限位器上或直接装夹在风钻上使用，也可装在自动钻铆机上使用。当锪窝钻长度不够时，可以将锪窝钻安装在同轴的加长套管上再进行锪窝。

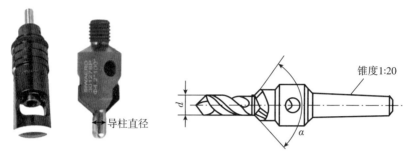

（a）锪窝限位器 （b）带导柱的锪窝钻　　　　（c）沉头铆钉复合锪窝钻

图 2-4-2　锪窝钻

（3）要求锪窝钻的轴线与零件表面垂直，并与孔轴线同轴。使用带限位器的锪窝钻锪窝时，限位器的端面应该与锪窝表面相贴合，楔形铆接件的锪窝应采用带球形短导销的划窝钻。

（4）锪窝过程中右手握紧风钻，风钻不能抖动、进给要均匀，左手扶着限位器防止导套旋转磨损工件表面，由于锪窝限位器和压窝器而造成零件表面的痕迹、凹陷、轻微机械损伤深度不大于材料包覆层的厚度，这种窝的数量不大于铆钉排总钉数的 3%。

（5）窝的圆度公差值为 0.2mm，个别允许至 0.3mm，但这种窝的数量不大于铆钉排总钉数的 15%。

（6）当零件的斜度 $\alpha>10°$ 时，应锪出放置铆钉头或镦头的端面窝，端面窝及其尺寸见表 2-4-2。

表 2-4-2　端面窝及其尺寸要求　　　　　　　　　　　　　　　　mm

	铆钉直径	2.0	2.5	2.6	3.0	3.5	4.0	5.0	6.0
	端面窝直径 D	8	12			14		18	
	转接半径 r	1.5							

（7）锪窝的深度应等于或稍小于铆钉头的高度0.02～0.05mm（每个机型锪窝深度不一样，所以锪窝深度标准应根据具体机型的AO里面规定执行）。用铆钉检查时，铆钉头相对零件表面的凸出量为0.02～0.1mm。先调整锪窝限位器的限位深度，在试件上锪窝后插入铆钉检查直到获得所需凸出量，在试件上锪窝合格后，再在试片上锪出5个窝。由检验员用不少于5个同直径的铆钉或窝量规检查合格后才能在工件上锪窝，每锪50～100个窝，工人必须自检窝的质量，不允许使用钝的锪窝钻制窝，不然窝的表面会出现水波纹，变得不光滑；或者是产生裂纹，内孔由于振动变得不圆等。

小任务 1：张三接到任务，需要在飞机某部位进行锪窝操作，张三阅读产品图样，选择了带限位器的锪窝钻，在进行深度调节时，张三用眼睛目视了锪窝钻深度，感觉深度合适，于是直接在飞机上进行了锪窝操作，请问这样正确吗？如果不正确，请你告诉张三应如何操作？

任务实施：

学习完锪窝方法后，跟小组同学讨论，将答案写在下方。

....

....

小任务 2：张三在飞机上进行锪窝时，发现窝边缘是一边宽，一边窄，请问这是什么原因？

任务实施：

学习完锪窝方法后，跟小组同学讨论，将答案写在下方。

....

....

小任务 3：张三在飞机上进行锪窝后，检查发现每个窝的表面有一圈划痕？请问这是什么原因？

任务实施：

学习完锪窝方法后，跟小组同学讨论，将答案写在下方。

....

....

....

（三）锪窝操作技术要点

（1）锪窝前，先检查锪窝钻的大小、切削刃的锋利情况、导销杆的大小，再在试件上调整限位器锪窝钻锪窝的深度。用铆钉或标准铆钉窝规检验窝的深度，最少要检验 5 个窝，合格后，再在工件上锪窝，工件上锪窝也要先检验合格后，才能继续锪窝。

（2）使用带限位器的锪窝钻锪窝时，一手扶住限位器，防止导套旋转，磨伤工件表面，另一手握紧风钻。

（3）锪窝钻要垂直工件表面，限位器前端面应与工件锪窝表面相贴合。

（4）锪窝过程中，风钻不能抖动，给风钻的进给力要均匀，不要忽大忽小，否则影响锪窝深度不一致。

（5）在薄零件或刚性差的结构件上锪窝时，要防止进给压力使工件反弹，影响锪窝质量。

（6）使用不带限位器的锪窝钻锪窝时，进给力要小，勤退锪窝钻用铆钉检查窝的深度。

（7）在钢和钛合金材料上锪窝，风钻转速要低。

（8）在复合材料上锪窝，应先启动风钻，再进行工件锪窝，防止表层拉毛。

二、锪窝质量检查

（1）目视检查沉头窝和孔表面质量，孔应无毛刺，表面应光滑，无裂纹、无水波纹、无机械损伤。在有疑义的情况下，可用5倍放大镜检查。

（2）锪窝的表面应光滑洁净，不允许有棱角和划伤。压窝附近的零件表面不允许有局部高低不平，从零件表面过渡到钉窝表面应光滑，窝的轮廓应清晰，扩孔到最后尺寸后，钉窝不允许有裂纹、破边。

（3）用窝径量规或不少于5个同直径铆钉检查沉头铆钉的锪窝和压窝深度，抽检数不少于铆钉排总窝数的15%。深度符合具体机型深度要求。

（4）复合材料窝不应有分层和撕裂。

（5）窝的锥角应与铆钉头锥角一致。

（6）双面沉头铆接时，锪窝的镦头窝为90°，其直径见表2-4-3，压窝的镦头窝为120°。

（7）铆钉窝周围不允许有锪窝限位器造成的工件表面痕迹，凹陷、轻微机械损伤等的深度应不大于材料包覆层的厚度，数量不能超过一排铆钉窝数的3%。

表2-4-3　90°双面沉头铆接时镦头窝的最小直径　　　　　　　　　　mm

铆钉直径	2.5	2.6	3	3.5	4	5
镦头窝最小直径	3.5	3.65	4.2	4.95	5.6	7

小任务4：张三在飞机上进行锪窝后，应从哪些方面检查窝是否符合要求？

任务实施：

学习完锪窝质量检查后，跟小组同学讨论，将答案写在下方。

三、锪窝缺陷分析及解决方法

表2-4-4　锪窝缺陷分析及解决方法

序号	故障现象	故障产生原因	解决方法
1	锪窝较浅	1. 锪窝钻调整不合格或推钻压力小； 2. 锪窝钻头切削刃槽被堵塞	1. 重新调整锪窝钻，锪窝时压力到极限位置； 2. 经常检查，注意清除积屑瘤
2	锪窝大和深	1. 锪窝钻用错或调整不合格； 2. 固定锪窝钻头及其导销的螺钉松动； 3. 固定限动螺母的螺钉松动，引起移位	1. 更换锪窝钻，调整后一定要进行试锪窝； 2. 调整好的锪窝钻螺钉一定要锁紧，锪窝一定数量后，要认真检查紧固情况
3	窝孔椭圆	1. 孔直径大，锪窝钻导销在孔中窜动； 2. 锪窝钻头导销过短	1. 锪窝前检查锪窝钻导销与孔是否一致，更换过短导销； 2. 锪窝时导销不能在孔中窜动

表 2-4-4（续）

序号	故障现象	故障产生原因	解决方法
4	窝孔锥角不对	锪窝钻头选择错误	锪窝前要认真检查锪窝钻锥角
5	窝孔锥角尺寸不匀，一边大一边小	1. 锪窝钻壳体端面未全部贴合锪窝面； 2. 孔歪斜	锪窝钻壳体端要贴合锪窝面，孔一定要垂直工件钻孔面
6	窝孔不光滑，呈多棱形	1. 锪窝钻未压紧，进给力不匀； 2. 风钻转速太慢； 3. 风钻摆头	1. 压紧锪窝钻，保持匀速进给； 2. 风钻速度要适当； 3. 更换风钻
7	窝边缘产生毛刺和划痕	1. 锪窝钻切削刃磨钝或损坏； 2. 锪钻排屑槽被切屑黏住堵塞	1. 更换锪窝钻头； 2. 锪窝时经常检查排屑槽，及时清除积屑瘤
8	锪窝钻导销折断或脱落	1. 孔直径小或孔歪斜，锪窝钻导销强行插入孔中强行锪窝； 2. 切屑进入孔与导销之间，强行拽锪窝钻	1. 保证孔的垂直度，及孔径大小，正确采用长度适合的导销； 2. 注意锪窝时勤排切屑
9	窝孔周围蒙皮有磨伤圆圈	1. 锪窝时限位器转动； 2. 限位器端面缺乏保护	1. 用手扶住限位器防止旋转； 2. 限位器端面贴保护层

⚙ 任务实施

锪窝实操训练任务实施练习：根据工单工作任务要求，完成锪窝操作练习。按照航空维修标准和工具管理规范，确保所有项目都完成，没有遗漏，工作过程正确。签署工卡时按照航空机务工作工卡签署"九字方针"——"看一项、做一项、签一项"进行。

实习工作单		适用课程类型		
		飞机维修类		
实习项目	锪窝			
工具 / 设备	铅笔、钢直尺、气钻、去毛刺工具、锯弓、锉刀、半径规			
消耗材料	铝板、锯条、麻花钻、锪窝钻			
工序	工作任务描述		学员	教员
1	**安全要求 / 注意事项** （1）防止铝板边缘毛刺划伤手； （2）钻孔、锪窝操作时必须佩戴护目镜； （3）钻孔、锪窝过程中应佩戴耳塞； （4）钻孔过程中，严禁嘴吹铝屑			
2	**工作准备** （1）清点工具、量具、设备； （2）检查并确定给定的铝板尺寸为 201mm × 201mm × 2mm、201mm × 201mm × 1.5mm			
工作单类型		完工日期	完工签署	第1页，共3页
□基础培训	☑技能培训			

（续）

工序	工作任务描述	学员	教员
3	**工作流程** （1）根据图样要求，确定零件的 A、B 基准面，并做好标记； （2）锉削基准面 A 和 B，保证 $A \perp B$，且与大平面垂直； （3）用钢直尺、划规和铅笔对照图样在底板上进行划线操作，在要钻孔的部位做好标记； （4）在气钻上装 $\phi 2.6$ 钻头，在底板钻孔部位进行钻孔操作； （5）底板与面板对齐基准后，用弓形夹装夹在一起，然后用 $\phi 2.6$ 钻头从底板孔位向面板进行钻孔操作； （6）换 $\phi 4.1$ 钻头对 $\phi 2.6$ 的孔进行扩孔操作； （7）换用锪孔钻从面板一侧对 $\phi 4.1$ 的孔进行锪窝操作； （8）用去毛刺铰刀对底板、面板孔进行去毛刺操作		
4	**测试／检查** （1）铝板表面平整、没有划痕及毛刺； （2）铝板外轮廓尺寸符合要求； （3）零件外轮廓圆弧尺寸符合要求； （4）所有孔位置、大小符合要求； （5）锪窝应光滑，没有波纹、开裂、棱角、划伤		
5	**工作结束** （1）清洁工具、量具，清点工具、量具； （2）清洁工作现场		

附图如下，单位为 mm：

工作单类型		完工日期	完工签署	第 2 页，共 3 页
□ 基础培训	☑ 技能培训			

（续）

技术要求：
1. 试板尺寸公差 ±0.5mm，四角垂直度 90°+30″；
2. 孔位间距公差 +0.5mm，孔位边距公差 ±0.4mm；
3. 锐角去毛刺 <0.2mm；
4. 铆钉锪窝在零件②侧

工作单类型		完工日期	完工签署	第 3 页，共 3 页
□基础培训	☑技能培训			

评价与反馈

学生对自己完成任务做自我评价，完成下表。

班级：		姓名：		学号：		
序号	考核项目	考核要点	配分	评分标准		得分
1	划线	划线位置	10	划线位置正确，明显错误每处扣 1 分，最高扣 10 分		
2	锪窝	钻孔尺寸	20	每错一处扣 1 分，最高扣 20 分		
3		钻孔垂直	10	超差不得分，每错一处扣 1 分，最高扣 10 分		
4		锪窝质量	20	超差不得分，每错一处扣 1 分，最高扣 20 分		
5		板件外尺寸及垂直	10	每处扣 2 分，最高扣 10 分		
6		圆弧尺寸	10	每处扣 2.5 分，最高扣 10 分		
7		毛刺	10	孔口出现毛刺，每处扣 1 分，最高扣 10 分		
8	安全文明生产	正确执行国家有关安全技术操作规程及文明生产规定	4	违规扣 4 分		
9	设备使用	气钻使用符合相关规定，气钻无损坏	3	违规扣 3 分		
10	工量具使用	各种工具、量具的使用符合有关规定	3	违规扣 3 分		
	合计		100			
否定项：造成设备严重损坏及人员重伤以上事故，考核全程否定，即按零分处理。						

思考与练习

一、单选题

1. 什么情况下需要对蒙皮表面锪窝（　　　）。

A. 平锥头铆钉　　　　B. 沉头铆钉　　　　C. 半圆头铆钉　　　　D. 冠状铆钉

2. 蒙皮厚度大于（　　　）时用锪窝方法。

A. 0.5mm   B. 0.8mm   C. 1mm   D. 2mm

3. 蒙皮及骨架厚度均小于等于（   ）时，蒙皮骨架均用压窝的方式。

A. 0.5mm   B. 0.8mm   C. 1mm   D. 3mm

二、判断题

1. 挤压型材不允许压窝，只能锪窝。（   ）

2. 钛合金薄板零件可以直接压窝。（   ）

3. 锪窝钻导柱直径应等于钻孔直径，这样锪窝才不偏。（   ）

4. 锪窝时，锪窝钻的轴线与零件表面垂直，并与孔轴线同轴，操作过程中允许轻微摆动气钻。（   ）

5. 锪窝深度检查时，如果没有窝径量规，可以直接用铆钉来进行检查。（   ）

6. 当限位器调好后，在飞机上锪窝经检查合格后，可以直接将该部位所有窝都锪完。（   ）

7. 窝的表面允许振动产生的水波纹。（   ）

8. 窝的表面允许刀具钝后产生的划伤。（   ）

9. 允许振动产生的椭圆窝。（   ）

10. 窝的边缘允许产生少量的毛刺。（   ）

11. 只要铆钉和表面平齐，允许窝周边漏缝。（   ）

三、问答题

1. 飞机上为什么要对孔进行锪窝操作？

2. 如果锪窝钻与工件表面不垂直，对锪窝质量有什么影响？

3. 如果锪窝钻刀刃不锋利，对锪窝质量有什么影响？

项目五　铆接

📝 任务引入

在飞机制造和飞机结构修理中，当在结构或蒙皮上钻完孔或制完窝之后，就需要进行铆接操作，将两个零件或构件连接在一起，铆接连接稳定可靠，能适应不同材料之间的连接，是飞机结构中应用最为广泛的连接方式。某教师为了训练学生铆接操作技能，设置了如图 2-5-1 所示的训练任务，需要在零件上进行平锥头铆钉、沉头铆钉的正铆和反铆操作，那么需要用到哪些工具设备，应该如何完成呢？

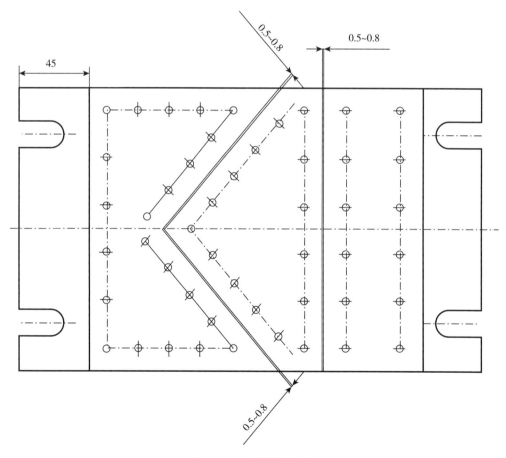

图 2-5-1　铆接训练任务

🔍 想一想

在飞机上进行铆接操作，应如何选择铆钉型号以及长度？在什么情况下用正铆，什么情况下用反铆？如何控制铆接质量才能使铆接强度符合飞机上作业要求？

📠 **前导知识**

用铆钉将两个零件或构件连接在一起的过程称为铆接。铆接操作工艺容易掌握，质量容易检查并且稳定，连接比较可靠，铆接工具小巧灵活，不仅能适应各种不同材料之间的连接，还可用于不够开敞及复杂结构的场合，因此铆接是飞机结构中应用最为广泛的连接方式。

铆接演示

铆接常分为普通铆接、密封铆接和特种铆接三大类型。密封铆接是在结构中有防漏要求的部位采用的，用不同的密封方式来防止泄漏的铆接连接形式；特种铆接是采用不同于普通铆接方法的特种铆钉进行连接。普通铆接是飞机结构中最常用的铆接形式，是在结构中没有特殊要求的部位采用普通凸头或沉头铆钉进行连接的方法，其中凸头铆钉的主要铆接过程是制铆钉孔→放铆钉→铆接，如图2-5-2所示。其中铆钉是铆接结构中最主要的连接件，普通铆钉由铆钉头和圆柱形铆钉杆组成，铆接时，将铆钉放入铆钉孔内，通过外力使伸出工件外的那部分铆钉杆产生塑性变形镦粗形成凸头（故称之为镦头），从而形成连接。

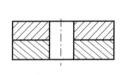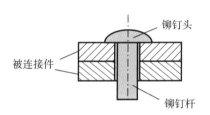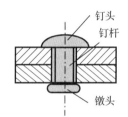

图2-5-2　普通凸头铆钉铆接过程

铆接可以用手动或气动工具来完成，在民用飞机上，一般当铆钉直径小于12mm（1/2in）时可以不用加热铆钉，称为冷铆；铆钉直径大于12mm时，通常需要把铆钉全部或部分加热后进行铆接，称为热铆。飞机上的铆接常用于传递较小的分布载荷，铆钉直径一般都小于12mm，所以基本上都采用冷铆形式。

一、铆钉基础知识

（一）铆钉类型

（1）根据铆钉材料不同，铆钉可以分为铝合金铆钉、钢铆钉、钛合金铆钉，早期飞机钛合金的零件较少，且铆接技术达不到要求，故大量使用铝合金和钢铆钉，随着技术的进步，钢材料在飞机结构中的数量很少。目前主要用铝铆钉和钛合金铆钉，常用LY1、LY10、LF10、ML18、1Cr18Ni9Ti。

（2）根据铆钉外形几何尺寸不同，铆钉可以分为普通铆钉、特种铆钉和其他铆钉。

普通铆钉包含沉头和凸头两种类型，凸头铆钉分半圆头和平锥头铆钉两种，沉头铆钉有90°沉头和120°沉头铆钉，如图2-5-3（a）~（d）所示。

特种铆钉种类繁多，使用较多的有环槽铆钉、抽芯铆钉等，其他铆钉包括大扁圆头、螺纹空心铆钉、无头铆钉。

环槽铆钉是由一个带螺纹的钉杆和一个套环组成，这种铆钉铆接完成后形成高强度夹紧力，不易松动具有防振功能，能够替代常规的螺栓螺母，经常被用来取代焊接，如图 2-5-3（e）所示。

如图 2-5-3（f）所示抽芯铆钉主要用于单面铆接（不利于双面进行铆接操作）的场合。在飞机上主要用于下蒙皮区域，在飞机内部也有应用，用来解决封闭区域无法铆接的问题。

其他铆钉中大扁圆头铆钉主要用于非金属材料的铆接场合，如图 2-5-3（g）所示；螺纹空心铆钉重量轻，钉头弱，用于载荷不大的非金属材料的铆接场合；无头铆钉主要用于非金属材料的铆接场合；冠头铆钉为新型铆钉，主要用于进气道区域有密封要求的地方，孔多采用过盈配合；钛合金铆钉主要用于连接钛合金零件。

国内航空标准适用于普通铆接的铆钉主要是平锥头、半圆头、大扁圆头、沉头铆钉。

铆钉头形的确定取决于安装位置，具体修理时可参照 SRM《结构修理手册》。应遵循的一般规则是：对于要求光滑气动外形的部位，如机翼、机身等飞机气动表面，应当使用沉头铆钉。埋头铆钉为平顶锥面式头形，与铆钉结合面上的锥形孔或凹窝相配合，以保持铆钉与被连接表面平齐。沉头铆钉的埋头锥角为 78°~120°，通常使用的是 100° 沉头，如图 2-5-4 所示。

（a）半圆头　　　（b）平锥头　　　（c）90° 沉头铆钉　　　（d）120° 沉头铆钉

（e）环槽铆钉　　　　　　（f）抽芯铆钉　　　　　　（g）大扁圆头铆钉

图 2-5-3　铆钉类型

100°
埋头　　　　　78°
埋头　　　　　120°
埋头

图 2-5-4　沉头铆钉锥角

飞机用的实心铆钉材料大多数是 1100、2017-T、2024-T、2117-T 及 5056 等铝合金。

1100 系列铆钉含纯铝 99.45%，一般用于铆接 1100、3003 和 5052 之类的软铝合金件。

2117-T 系列铆钉有"外场铆钉"之称，具有即时可用的优点（不需要在施工前进行回火或退火处理），还有很好的抗腐蚀性能，广泛用于铝合金结构件的铆接。

2017-T 和 2024-T 系列铆钉，应用于需要较高强度的铝合金结构件上。这种铆钉使用前需要退火并置于冰箱内冷冻，在施工时取出铆接。冷冻措施可以保持铆钉材质柔软达两星期之久，但是如果在此期间仍未使用，则需要重新进行热处理。2017-T 铆钉要求在 1h 内完成铆接。2024-T 铆钉必须在 10~20min 内完成铆接。"冰箱"铆钉在铆接后的 1h 左右，只具有一半的强度，大约 4 天时间后铆钉强度才达到设计要求。

5056 系列铆钉用于铆接镁合金结构件。

软钢铆钉用来铆接钢质零件，不锈钢铆钉则用来铆接不锈钢材，如防火墙、排气管夹箍以及同样材料的结构件等。

蒙奈尔镍钢铆钉用来铆接镍钢合金材料，这种铆钉有时可代替不锈钢铆钉使用。

（二）铆钉牌号标识

（1）铆钉牌号识别

如 HB 6230-4×10，其中 HB 为标准代号，表示此标准为航空标准，类似的还有 BAC（波音标准），GB（国家标准），AN（Army/Navy，陆军海军）标准，MS（Military Standard）美国军用标准，NAS（National Aerospace Standard）美国国家航空标准。6230 为铆钉代号，以区别不同的铆钉，由标准制定单位约定给出，6230 是材料为 2A01 的半圆头铆钉代号。4×10 为铆钉尺寸规格，单位 mm，用铆钉杆直径 × 铆钉长度表示。HB 6230-4×10 即表示材料为 2A01 的半圆头铆钉，铆钉杆直径为 4mm，铆钉长度为 10mm。

民用航空铆钉的件号分别用 AN 标准或 MS 标准表示，波音与空客的区别参照 SRM51-40，下面是最常用的不同头型铆钉的件号：

AN 426 或 MS 20426（BA）——100° 埋头铆钉；

AN 470 或 MS 20470（BB）——通用头型铆钉。

波音标准铆钉件号后的字母代表材料，材料编码见表 2-5-1。

表 2-5-1　波音标准铆钉材料编码

材料	编码	材料	编码
1100 和 3003	A	7075 和 7050	KE
2117	AD	蒙奈尔合金	M
2017	D	不锈钢	F
2024	DD	钛合金	T
5056	B	铜合金	C

件号后的数字表示铆钉的直径和长度，第一位数字表示铆钉直径，以 1/32in 为计量

单位，如 3 表示 3/32in，5 表示 5/32in。第二位数字表示铆钉长度，以 1/16in 为计量单位，如 3 表示 3/16in，11 表示 11/16in。凸头铆钉的长度为铆钉杆的长度，埋头铆钉的长度为铆钉的全长。

以波音标准铆钉的件号 BACR15BB4AD6 举例：

基本编码（BACR15BB）表示波音标准的通用头铆钉；

直径编码（4）表示铆钉直径是 1/8in；

材料编码（AD）表示铆钉材料是 2117-T；

长度编码（6）表示铆钉长度是 3/8in。

（2）铆钉头部标识：铆钉材料一般标记在铆钉头部，一般为凸起标记，但半圆头、大扁圆头及车制铆钉允许凹下，见表 2-5-2。

表 2-5-2　HB 6444—2002

材料	LY1	LY10	LF10	LF21	L4	ML20 MnA	ML18 ML15 ML10	ML1Cr18 Ni9Ti	H62	T3	7050
标志	⊙	○	⋮	⋰	⊖	⊙	○	○	○	○	⁚⁚

波音标准铆钉识别标识见表 2-5-3。

表 2-5-3　波音铆钉头型标记

铆钉识别		通用型	改良型	100° 埋头	100° 抗剪埋头	82° 埋头	120° 埋头
材料	标记	标准铆钉号					
		BACR15BB	BACR15FT	BACR15BA	BACR15CE	BACR15FH	BACR15FV
2117（AD）	⊙ 凹点						
2017（D）	⊙ 凸点（*）除外				*没有标记		
2024（DD）	⊡ 双凸梗						
5056（B）	⊞ 凸十字						
1100（A）	○ 平面						

表 2-5-3（续）

铆钉识别		通用型	改良型	100°埋头	100°抗剪埋头	82°埋头	120°埋头
材料	标记	标准铆钉号					
		BACR15BB	BACR15FT	BACR15BA	BACR15CE	BACR15FH	BACR15FV
7050（KE）	凸环（*）除外						*凹环
蒙奈尔（M）铜镍	平面						

（三）普通铆钉规格

（1）半圆头铆钉

航空标准 HB/Z223.3—2003 给出的半圆头铆钉牌号范围为：HB 6229 ~ HB 6239 半圆头铆钉规格及标记见表 2-5-4，铆钉基本尺寸见表 2-5-5。

表 2-5-4　半圆头铆钉 HB 6229 ~ HB 6239 规格及标注

名称	代号	材料	限用直径	热处理	表面处理	标记示例：$d=4$，$L=10$
半圆头铆钉：	HB 6229	L4	1 ~ 6	淬火及时效	化学氧化	HB 6229-4×10
	HB 6230	2A01（LY1）	2 ~ 6			HB 6230-4×10
	HB 6231	2A10（LY10）	2.5 ~ 10			HB 6231-4×10
	HB 6232	5B05（LF10）	2 ~ 10	退火		HB 6232-4×10
	HB 6233	3A21（LF21）	2 ~ 6	—	—	HB 6233-4×10
	HB 6234	ML18	2 ~ 10	回火	镀锌钝化	HB 6234-4×10
	HB 6235	ML20MnA	3 ~ 10	淬火后回火		HB 6235-4×10
	HB 6236	（1Cr18Ni9Ti）	2 ~ 6	淬火	—	HB 6236-4×10
	HB 6237	H62	24	退火	钝化	HB 6237-4×10
	HB 6238	H62 防磁				HB 6238-4×10
	HB 6239	T3				HB 6239-4×10
括号内的材料尽量不采用						

表 2-5-5　半圆头铆钉基本尺寸　　　　　　　　　　　　　　　mm

	基本尺寸	1	1.4	1.6	2	2.5	3	3.5	4	5	6	8	10
d	极限偏差					+0.10 0					+0.15 0		
D	基本尺寸	1.8	2.5	3.0	3.5	4.6	5.3	6.3	7.1	8.8	11.0	14.0	17.0
	极限偏差		± 0.20			± 0.24			± 0.29			± 0.35	
H	基本尺寸	0.6	0.8	1.0	1.2	1.6	1.8	2.1	2.4	3.0	3.6	4.8	6.0
	极限偏差		± 0.10				± 0.20					± 0.24	
R		1.0	1.4	1.6	1.9	2.5	2.9	3.4	3.8	4.7	6.0	8.0	9.0
半圆头铆钉长度 L		2 ~ 10	2 ~ 12	3 ~ 15	3 ~ 16	4 ~ 20	5 ~ 24	6 ~ 28	6 ~ 32	8 ~ 40	10 ~ 40	14 ~ 50	18 ~ 60
	L规格：2，3，4，5，6，7，8，9，10，11，12，13，14，15，16，17，18，19，20，22，24，26，28，30，32，34，36，38，40，42，44，46，48，50，52，54，56，58，60												

（2）平锥头铆钉

航空标准 HB/Z 223.3—2003 给出的平锥头铆钉牌号范围为：HB 6297 ~ HB 6303—2002，见表 2-5-6，铆钉基本尺寸见表 2-5-7。

表 2-5-6　平锥头铆钉 HB 6297 ~ HB 6303—2002 规格及标记　　　　　　mm

名称	标准号	材料	限用直径	热处理	表面处理	标记示例： d=4，L=10 时
平锥头铆钉： 	HB 6297	LY1	2 ~ 6	淬火及 时效	化学氧化	HB 6297– 4 × 10
	HB 6298	LY10	2.5 ~ 10			HB 6298– 4 × 10
	HB 6299	LF10	2 ~ 10	退火		HB 6299– 4 × 10
	HB 6300	LF21	1 ~ 6	—	—	HB 6300– 4 × 10
	HB 6301	ML18	1 ~ 10	回火	镀锌钝化	HB 6301– 4 × 10
	HB 6302	ML20MnA	3 ~ 10	淬火后 回火		HB 6302– 4 × 10
	HB 6303	1Cr18Ni9Ti	2 ~ 6	淬火	—	HB 6303– 4 × 10

表 2-5-7 平锥头铆钉基本尺寸   mm

	基本尺寸	1	1.4	1.6	2	2.5	3	3.5	4	5	6	8	10
d	极限偏差				+0.10 0						+0.15 0		
D	基本尺寸	1.8	2.5	3.0	3.6	4.5	5.4	6.3	7.2	9.0	10.8	14.4	18.0
	极限偏差	± 0.20			± 0.24			± 0.29			± 0.35		
H	基本尺寸	0.6	0.8		1.0	1.3	1.5	1.8	2.0	2.5	3.0	4.0	5.0
	极限偏差	± 0.10			± 0.20						± 0.24		
$r1$（不大于）		0.7						1.0					
平锥头铆钉长度 L		2 ~ 10	2 ~ 12	3 ~ 15	3 ~ 16	4 ~ 20	5 ~ 24	6 ~ 28	6 ~ 32	8 ~ 40	10 ~ 40	14 ~ 50	18 ~ 60
		L 规格：2, 3, 4, 5, 6, 7, 8, 9, 10, 11, 12, 13, 14, 15, 16, 17, 18, 19, 20, 22, 24, 26, 28, 30, 32, 34, 36, 38, 40, 42, 44, 46, 48, 50, 52, 54, 56, 58, 60											

（3）90° 沉头铆钉

航空标准 HB/Z 223.3—2003 给出的 90° 沉头铆钉的牌号范围为：HB 6304—2002 ~ HB 6314—2002 见表 2-5-8。沉头铆钉的几何信息和热处理信息与平锥头类似，如果需要某种铆钉的详细制造信息，可以查阅相应的铆钉规范，需要注意版本信息。

表 2-5-8 90° 沉头铆钉 HB 6304 ~ HB 6314—2002 规格及标记   mm

名称	标准号	材料	限用直径 /mm	热处理	表面处理	标记示例：d=3, L=6 时
90° 沉头铆钉	HB 6304	L4	1 ~ 6	—	化学氧化	HB 6304– 3×6
	HB 6305	LY1	1.4 ~ 6	淬火及 时效		HB 6305– 3×6
	HB 6306	LY10	2.5 ~ 10			HB 6306– 3×6
	HB 6307	LF10	2 ~ 8	退火		HB 6307– 3×6
	HB 6308	LF21	2 ~ 6	—	—	HB 6308– 3×6
	HB 6309	ML18	1 ~ 10	回火	镀锌钝化	HB 6309– 3×6
	HB 6310	ML20MnA	3 ~ 10	淬火后 回火		HB 6310– 3×6
	HB 6311	（1Cr18Ni9Ti）	2 ~ 6	淬火	—	HB 6311– 3×6

表 2-5-8（续）　　　　　　　　　　　　　　　　　　　　mm

名称	标准号	材料	限用直径/mm	热处理	表面处理	标记示例：$d=3$，$L=6$ 时
	HB 6312	H62				HB 6312–3×6
	HB 6313	H62 防磁	1 ~ 4	退火	钝化	HB 6313–3×6
	HB 6314	T3				HB 6314–3×6

（4）120° 沉头铆钉

航空标准 HB/Z 223.3—2003 给出的 120° 沉头铆钉的牌号范围为：HB 6315 ~ HB 6319—2002，见表 2-5-9。

表 2-5-9　120° 沉头铆钉基本尺寸　　　　　　　　　　　　　mm

名称	标准号	材料	限用直径/mm	热处理	表面处理	标记示例：$d=3$，$L=6$ 时
	HB 6315	LY1	2.5 ~ 6	淬火及时效	化学氧化	HB 6315–3×6
	HB 6316	LY10	2 ~ 8			HB 6316–3×6
	HB 6317	LF10	2.5 ~ 4	退火		HB 6317–3×6
	HB 6318	ML18	2 ~ 8	回火	镀锌钝化	HB 6318–3×6
	HB 6319	1Cr18Ni9Ti	2 ~ 6	淬火	—	HB 6319–3×6

二、铆接准备工作

（一）铆钉长度选择

铆接时铆钉所需的长度应根据铆钉直径、铆接件的总厚度和铆接形式确定，依据航空行标 HB 6444—2002。合适的铆钉长度是保证铆接质量的前提，铆钉过短会造成镦头偏小，若铆钉过长铆钉杆容易弯曲都会造成铆接缺陷。

（1）标准镦头的凸头铆钉及单面锪沉头的铆钉长度如图2-5-5所示。铆钉长度 L 等于铆接件的总厚度与铆钉伸出长度之和。

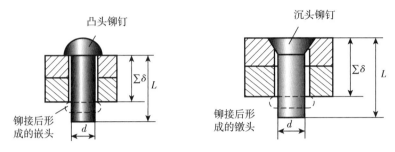

图 2-5-5　铆钉长度计算

铆钉长度 L 可以按下面公式计算。$\sum\delta$ 为铆接件夹层厚度，d 为铆钉直径，单位均为 mm。

铆钉长度 L 按铆接件厚度公式计算

$$L=d_{\min}+\frac{d_{0\max}^2}{d_{\min}^2}\times\sum\delta \qquad (2-5-1)$$

其中，L 为铆钉长度，$d_{\min}$ 为铆钉最小直径，$d_{0\max}$ 为铆钉孔最大直径，单位均为 mm。为了计算方便，通常选择采用表2-5-10简便公式进行计算铆钉长度。也可以按表2-5-11选择标准铆钉长度。

表 2-5-10　腰鼓形镦头铆钉长度选择表　　　　　　　　　　　　　　　　　　mm

铆钉直径 d	2.5	3	3.5	4	5	6	7	8
铆钉长度 L	$\sum\delta+1.4d$		$\sum\delta+1.3d$		$\sum\delta+1.2d$		$\sum\delta+1.1d$	

（2）标准镦头的压窝件铆钉长度示意如图2-5-6所示，铆钉长度按式（2-5-2）计算

$$L=\sum\delta+\delta_1+1.3d \qquad (2-5-2)$$

其中，L 为铆钉长度，$\sum\delta$ 为铆接件夹层厚度，δ_1 表面压窝层的厚度，d 为铆钉直径，单位均为 mm。

表 2-5-11　标准铆钉长度选择　　　　　　　　　　　　　　　　　　mm

d	2.5 2.6	3.0	3.5	4.0	5.0	6.0	7.0	8.0	10	d
$\Sigma\delta$	铆钉长度									$\Sigma\delta$
1	4	5		6						1
2	5	6	6	7	8					2
3	6	7	7	8	9	10				3
4	7	8	8	9	10	11	12			4
5	8	9	9	10	11	12	13	14		5
6	9	10	10	11	12	13	14	15		6
7	10	11	11	12	13	14	15	16	18	7
8	11	12	12	13	14	15	16	17	19	8
9	12	13	13	14	15	16	17	18	20	9
10	13	14	14	15	16	17	18	19		10
11	14	15	15	16	17	18	19	20	22	11
12	15	16	16	17	18	19	20	22		12
13	16	17	17	18	19	20	22		24	13
14	17	18	18	19	20	22		24		14
15	18	19	19	20	22		24		26	15
16	19	20	20	22		24		26	28	16
17	20	22	22	24	24	26	26			17
18		24	24		26	28	28	28	30	18
19			26	26	28			30		19
20						30	30		32	20
21			28	28	30		32	32		21
22			30	30		32			34	22

（3）标准镦头的双面沉头铆钉长度示意如图 2-5-7 所示，铆钉长度按式（2-5-3）计算

$$L = \Sigma\,\delta + (0.6 \sim 0.8)\,d \qquad\qquad (2\text{-}5\text{-}3)$$

其中，L 为铆钉长度，$\Sigma\delta$ 为铆接件夹层厚度，d 为铆钉直径，系数 0.6~0.8，一般情况系数选较小值 0.6，铆钉材料强度高于工件材料或工件厚而铆钉直径较小时，选较大值 0.8。

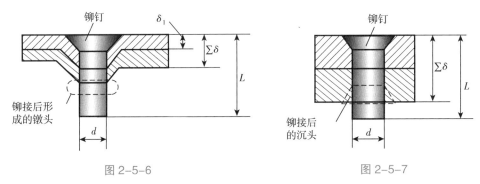

图 2-5-6　　　　　　　　　　　　　　　　图 2-5-7

小任务 1：铆钉杆的长度对铆接有什么样的质量影响？

任务实施：

学习完铆钉的选择方法后，跟小组同学讨论，将答案写在下方。

小任务 2：张三在飞机蒙皮上进行单面沉头铆钉铆接工作，该处蒙皮采用锪窝操作，底板厚度为 2mm，面板厚度为 1mm，张三需要在该处蒙皮上安装直径为 4mm 的铆钉，请问张三应选择多长的铆钉？

任务实施：

学习完铆钉长度的选择方法后，将答案写在下方。

（二）铆钉的配置

铆钉的配置包括以下几个方面：

（1）所需铆钉的数目；

（2）使用铆钉的尺寸和种类；

（3）铆钉的材料、热处理状态和强度；

（4）铆钉孔直径；

（5）铆钉的边距；

（6）整个修理件上铆钉的间距和行距。

在修理工作中，将使用的铆钉的大小和类型以及用于某一修理的间距在某一特定飞机类型的核准修理计划中指明。除非另有规定也就是说，修理应遵循在类似地点的飞机上其他地方使用的铆接系统。对主要结构部件进行任何修理，如加压舱和整体式燃料箱、相同类型的铆接和类似质量的铆接组件对于结构的完整性至关重要。只要在每一个细节上都遵循批准的维修方案，并且钻孔和铆接技术是高标准的，结构的完整性就不会降低。

飞机结构修理时铆钉的头型由安装位置决定。要求光滑气动外形的地方应当使用沉头铆钉，在其余的大部分部位上可使用通用头型铆钉。

一般来说，铆钉的直径应当与被铆接件的厚度相对应。如果在薄板材上采用直径过大的铆钉，铆接所需要的力会在铆钉头周围造成不良的皱纹。如果在厚板材上采用直径过小的铆钉，则铆钉的剪切强度不能满足传递连接载荷的要求。一般规定是铆钉直径不小于所连接板件中较厚板厚度的 3 倍，在飞机装配和修理中最常选用的铆钉直径范围是 3/32~3/8in。直径小于 3/32in 的铆钉不能用在传递载荷的任何结构件上。

小任务 3：张三在飞机上铆接完成后发现蒙皮上出现了褶皱，请你帮助张三分析褶皱出现的原因是什么？

任务实施：

学习完铆钉直径的选择方法后，跟小组同学讨论，将答案写在下方。

_____

_____

_____

铆钉长度等于铆接厚度加上形成适当镦头所需要的铆钉杆长度，铆接时形成的镦头尺寸和镦头高度应参照 SRM 手册，如图 2-5-8 所示。

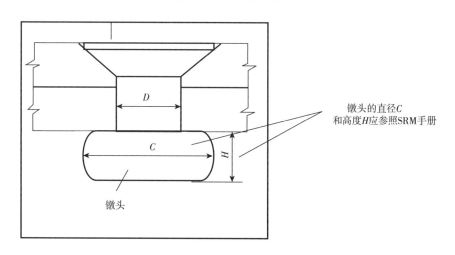

图 2-5-8　铆钉镦头尺寸

边距是铆钉中心到板材边缘的距离，应在铆钉直径的 2~4 倍之间，推荐使用的边距约为 2.5 倍铆钉直径。如果铆钉安排得太靠近板的边缘，板件就可能在铆钉孔处出现裂纹或断开；如果铆钉安排得距板边缘太远，则板的边缘易于翘曲。铆钉间距是指同一行上两个相邻铆钉中心之间的距离，最小铆钉间距为铆钉直径的 3 倍，一般铆钉间距为铆钉直径的 6~8 倍。相邻两行铆钉中心线之间的距离称为铆钉行距，一般铆钉行距为铆钉间距的 75%，如图 2-5-9 所示。

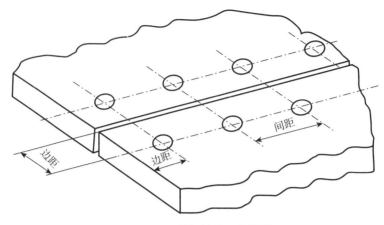

图 2-5-9 铆钉的边距和间距

（三）工具的选择

（1）选择铆枪：铆枪是铆接的主要工具，铆接时通过铆枪中的活塞击打铆卡从而锤击铆钉杆，使其成为镦头，如图 2-5-10（a）所示。铆枪种类及尺寸较多，选择时主要根据结构件的特点、铆接材料及直径、铆接通路的开敞性来选择。不同直径的铆钉每次冲击所需能量见表 2-5-12；铆接楔形铆接件时，铆枪的一次冲击功应比表中推荐能量值大一倍。

表 2-5-12 铆枪锤击功和铆钉直径关系

每次冲击所需能量 /J	铆钉材料	铆钉直径 /mm			
		2.0 ~ 3.0	3.5 ~ 5.0	5.0 ~ 6.0	7.0 ~ 8.0
	铝合金	0.5 ~ 1.0	2.0 ~ 3.0	4.0 ~ 5.0	6.0 ~ 7.0
	钢	0.5 ~ 2.5	3.5 ~ 4.5	5.0 ~ 7.0	8.0 ~ 1.0

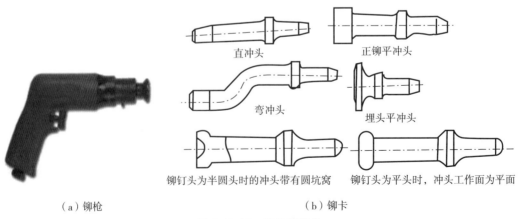

直冲头　　　　正铆平冲头

弯冲头

埋头平冲头

铆钉头为半圆头时的冲头带有圆坑窝　　铆钉头为平头时，冲头工作面为平面

（a）铆枪　　　　　　　　　　（b）铆卡

图 2-5-10 铆枪及铆卡

（2）选择铆卡：铆卡是安装在铆枪筒内不可缺少的铆接工具，铆接时用铆卡击打铆钉头（或镦头），传递锤击时的冲击载荷。铆卡由尾杆及工作部分组成，通常铆卡与铆枪配套使用，尾杆套入铆枪筒内，其直径和长度与铆枪筒尺寸一致。为保持铆钉头（或镦头）的形状正确，铆卡的形状应随铆钉头形状变化，当铆钉头为平面时，铆卡的工作面为平面，铆钉头为半圆头时铆卡也应带有对应的圆坑窝。各种铆卡如图 2-5-10（b）所示。

（3）选择顶铁：铆接时用来支撑在铆钉的一端，在铆接冲击力的作用下使铆钉杆产生变形。顶铁的形状多种多样，以适应结构件的形状以及满足铆接的需要，使用时根据铆接件实际铆接处的形状及工作空间来选择。形状简单的普通顶铁通常用于容易接触到铆钉的地方，如果铆接件的形状比较复杂，铆接空间不足时需要专门设计顶铁的形状。如图 2-5-11 所示为一般铆接结构使用的通用顶铁（普通顶铁）。

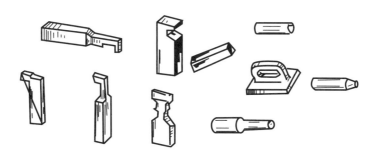

图 2-5-11　通用顶铁

铆接时顶铁要与铆枪锤击力相平衡，铆接过程中很容易产生移动，如果顶铁质量太小，顶铁在锤击力作用下移动的速度快，将消耗过多的功率，若顶铁质量太大，则操作时容易疲劳，因此顶铁的质量有一定要求，应根据铆钉材料和直径选择合适质量的顶铁，可按表 2-5-13 选择。铆接方法不同，顶铁的质量不同，正铆用的顶铁质量大，反铆用的顶铁质量小。

表 2-5-13　顶铁质量选择

铆接方法	铆钉材料	铆钉直径 /mm	2.6	3.0	3.5	4.0	5.0	6.0	8.0
反铆法	铝合金	选择顶铁质量 /kg	1.35	1.5	1.75	2	2.5	3	4
	钢		2.5	3.0	3.5	4	5	6	8
正铆法	铝合金	选择顶铁质量 /kg	5.0	6.0	7.0	8.0	10	12	16

（4）其他工具选择：反铆时铆卡与铆钉头之间一般应垫玻璃纸，防止铆卡在蒙皮表面移动，从而造成蒙皮表面划伤。工作中安装在铆枪上的铆卡应装有保险装置，如弹簧或橡皮筋，主要是防止误触风门开关将铆卡射出，造成人员受伤。

小任务 4：张三接到一项修理任务，需要在飞机内部铝合金材料上对平锥头铆钉进行铆接操作，张三现在需要准备工具，请你告诉张三应从哪些方面准备哪些工具？

任务实施：

学习完工具的选择方法后，跟小组同学讨论，将答案写在下方。

三、普通铆接工艺过程

普通铆接工艺过程如下：工件的定位与夹紧→确定孔位→制铆钉孔→制窝（用于沉头铆钉）→分解、去毛刺、清理→重新固定→放铆钉→铆接。

（一）工件的定位

装配连接过程中需要先确定零件、组合件之间的相对位置，也就是先要对零件进行定位。工件的定位方法主要有划线定位、基准件定位、装配孔定位和装配型架定位。

（1）划线定位：用通用量具或样板及划线工具划出待安装零件的位置线，以此来确定待安装零件的装配位置。这种定位方法简便易行，节省工装费用，效率低。在新机研制时常用，由于划线误差较大，定位准确度低，一般用于刚性大、无协调要求和位置准确度要求不高、容易测量的零件定位。在成批生产中作为其他定位方法的一种辅助定位方法。

划线定位的技术要点：

①看懂图样，确定划线基准，为避免误差累积，一个方向上最好只选取一种划线工具，不能使用金属划针、圆珠笔、含碳的划线笔等工具。常用的划线工具有石蜡笔、无碳水笔。

②划线工具应避免划伤或腐蚀零件，以免对零件表面保护层有破坏或腐蚀。划线笔笔尖应细，避免线条太粗影响尺寸的准确性。如果划线尺寸有误可以用布蘸上异丙酮或酒精去除划线痕迹。

③划线时，左手压紧导向工具（钢直尺或样板等），划线笔上端向导向工具外侧倾斜，使其笔尖靠紧导向工具与工件接触处的边缘，防止出现误差，向划线移动方向倾斜45°~75°。

（2）按装配孔定位：这种方法是装配时以预先在零件上制出的孔进行定位来确定零组件之间的相对位置，如图2-5-12所示。装配孔就是预先按钻孔样板在两个要装配的零件上分别钻出孔，其位置应选取在有利于保证定位准确度、比较可靠，以及便于操作的部位。装配孔的数量取决于零件的尺寸及刚度，一般每个零件上的装配孔数量至少有两个，尺寸大、刚度小的零件，装配孔数量应适当增多。该方法定位时方便迅速，开敞性好，比划线定位准确度高，不需要使用专用夹具，适用于平板零件和单曲度零件以及曲度变化不大的双曲度外形板件的定位。

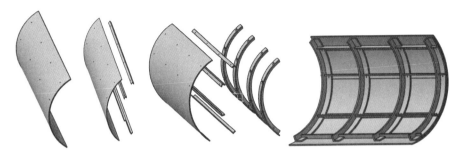

图 2-5-12　按装配孔定位

装配孔定位法的技术要点：

①装配孔一般选用铆钉孔（或螺栓孔），装配前在各零件的部分铆钉位置上，按各自的钻孔样板分别钻出比铆钉孔径小的孔。

②定位前先对照图样检查零件是否合格。

③依次将零件装配孔对准，在两个零件上对应的孔内插入定位销进行定位，装配铆接时再对装配孔进行扩孔至铆钉孔直径要求。

（3）按基准零件（或已安装零件）定位：待装配的零件以基准零件或已经安装好的零件来确定装配位置，也就是以产品结构件上的某些点、线、面来确定待安装零件的位置。基准件一般是先定位或安装好的零件，要求有较好的准确度及足够的刚度。例如，按桁条上已经安装好的角片来确定框、肋的纵向位置；利用已经制好的蒙皮上的缺口来铆装口盖等。这种方法简单方便、节省工装、装配开敞、协调性好，在一般机械产品中大量使用。在飞机装配中，基准件定位法多用于小零件的定位，有配合关系的、尺寸或形状相一致的零件之间的装配。

（4）按装配型架定位：零件直接安装在装配型架上，由装配型架来确定零件之间的相互位置。如图 2-5-13 所示为装配型架。这种方法的装配准确度由装配型架的准确度决定，装配型架的制造精度要求高，生产准备周期长，工装费用较高；但由于飞机零件组合件尺寸大、刚度小，零部件之间的协调和互换性要求高，这种方法能保证互换部件的协调、各类结构件的装配准确度要求。装配型架定位的特点：装配准确度高，有校验零件外形和限制装配变形的作用，定位操作迅速方便，可提高装配生产率，能保证产品互换要求。也是飞机装配中最基础、应用最广泛的定位方法。

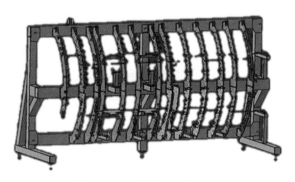

图 2-5-13　按装配型架定位

（二）工件的夹紧

参与铆接装配的两个工件定位以后在钻孔前必须夹紧，夹紧时既不能破坏定位时的位置也不能使零件产生较大的变形。夹紧时需要采用相应的夹紧工具或压紧件对工件进行夹紧。常用的压紧件有卡板、压板、航空定位销、工艺螺钉、工艺铆钉、弓形夹等，如图 2-5-14 所示。

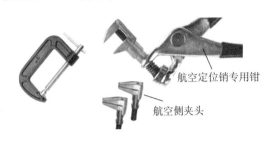  

（a）弓形夹　　（b）航空侧夹头及定位销专用钳　　（c）航空空位销　　（d）穿心夹固定铆接件

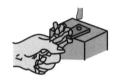   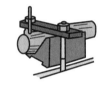

（e）用手虎钳夹持工件　　（f）用平口钳夹紧工件　　（g）用压板螺钉夹紧工件　　（h）圆形工件夹持方法

图 2-5-14　钻孔夹具及工件的装夹

图 2-5-14（a）所示为弓形夹（或 C 形夹），夹紧力大，夹紧位置设置比较灵活，但受弓形夹尺寸限制一般用于板件边缘处的夹紧。

图 2-5-14（b）所示为航空侧夹头，夹紧力较大，夹紧位置设置比较灵活，受深度限制一般用于板件边缘处，并且需要用专用夹钳进行操作。

图 2-5-14（c）所示的航空定位销（也叫穿心夹）是穿入两个工件上，对已经钻好的孔内进行定位夹紧，夹紧及装拆都比较方便，在飞机装配中大量使用。目前航空上常用的航空定位销有三种：弹簧型使用专用夹钳进行操作，操作方便，但弹簧夹紧力小，适用于夹层厚度小及孔径小的工件；蝶形（翼型）穿心夹使用时用手拧紧，用于结构开敞性差或少量孔的夹紧；六角螺母形穿心夹使用时用风扳机定力，用于大量孔的夹紧，夹紧强度高。

定位销、工艺螺钉、工艺铆钉都要预先钻好孔，孔的位置都必须在铆钉位置处，其直径应小于铆钉直径。定位销的间距在曲面上的应 ≤ 150mm，在平面上定位销间距应 ≤ 250mm。装配带有沉头窝的零件时，应使用与铆钉沉头角度相同的沉头工艺螺钉。

各种工件不同装夹方法如图 2-5-14（d）～（h）所示。如图（d）所示为用穿心夹固定的铆接件；如图（e）所示为装夹在小型工件或薄板上钻小孔，用 C 形夹或手虎钳进行夹持；平整工件用平口钳装夹，装夹时工件钻孔表面与钻头垂直，如图（f）所示。

较大的工件，钻孔直径 10mm 以上不便用平口钳装夹的工件用压板及螺栓锁紧，如图（g）所示。圆柱形工件用 V 形铁装夹，装夹时应使钻头轴心线垂直通过 V 形铁的 V 形对称平面，保证钻出孔的中心线通过工件轴心线，如图（h）所示。

（三）确定孔位

确定孔位就是确定铆钉孔的位置。铆钉孔的位置应按产品图样上标注的铆钉位置尺寸确定，确定铆钉位置的参数主要是铆钉孔的间距及铆钉孔的边距和排距。

相邻两个铆钉中心之间的距离称为铆钉间距。铆钉孔的中心与所在零件边缘的距离称为边距。当产品图样上未给出铆钉边距要求时，铆钉孔的边距取铆钉直径的 2 倍。铆钉排最后一个间距，不允许大于图样上规定的间距或小于规定间距的 50%，此时将最后两个间距等分，该间距不小于铆钉直径的 3 倍。铆钉排指在相同连接夹层上连续铆接同规格的一排铆钉。

铆钉孔边缘不应进入板弯件或型材的 R 圆弧内或靠近下陷区，以确保铆钉头不会搭在工件的 R 圆弧上，如图 2-5-15 所示。

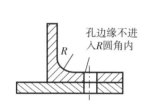

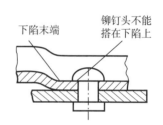

（a）孔边缘不应进入零件 R 圆角内 　　　　（b）铆钉头不能搭在零件 R 圆角上或零件下陷上

图 2-5-15　铆钉孔及铆钉头的位置

确定铆钉孔位置的方法有划线法、专用样板法、按引导孔钻孔、按钻模钻孔。

（1）划线定孔位是用手工划线，然后钻孔的方法。划线时先按图样上孔的位置尺寸划出孔的两条垂直中心线，交点即是钻孔中心。划线时要求使用蜡笔，镁合金零件上应该用不含石墨的特种铅笔。确定孔位时划线要清楚，无用的线条要擦去，划线后必须检查无误后再钻孔。

（2）样板法确定孔位是先用样板定位，再用样冲冲眼，然后钻孔的方法。

（3）钻模法是用钢质钻模板定位后直接钻孔的方法。用样板或钻模确定孔位时应注意定位基准的选择，检查铆钉边距。

案例 1

空军某部飞机在大修时，修理人员将铆钉孔位钻偏，造成该处结构强度减弱，后续战机在进行大机动飞行过程中，该处铆钉松动，造成连锁反应，后续该处蒙皮飞掉，击伤飞机后部垂尾，造成较大损失。

通过上面案例和孔位知识的学习，我们可以看出，每颗铆钉都应有自己的位置，只有在正确的位置上面，在所有铆钉的共同作用下才能保证飞机的结构强度符合要求。这一颗颗铆钉位置就像我们机务人员一样，每个人员、每个岗位都很重要，都需要在自己的岗位上脚踏实地，认真钻研，爱岗敬业，靠着大家的团结协作，才能保证飞行安全。

（四）制孔

制铆钉孔是铆接装配中的基本工序。制孔方法包括冲孔和钻孔。

冲孔是借助于手动冲孔工具或自动冲孔设备在薄板上制孔的方法，虽然生产率高，但冲出的孔的边缘常产生裂纹、毛刺等缺陷，对于应力敏感性高的材料不允许采用冲孔方法来制铆钉孔。因此在飞机装配中冲孔这种制铆钉孔的方法并不常用。

钻孔是采用钻头来切削加工孔的方法，和冲孔比较，钻孔能获得更高精度的孔壁，是目前制铆钉孔的主要方法。但钻削时钻头的转速高，切削量比较大，钻头在半封闭状态下进行切削，钻削摩擦较大，散热难、高温易造成钻头磨损，钻头细长容易振动及引偏。因此，钻孔的加工精度不高，尺寸精度一般为 IT12，表面粗糙度一般为 $Ra12.5\,\mu m$。对于较高精度的孔还需要采用扩孔或铰孔操作。

钻铆钉孔钻头的选择、钻孔的方法、钻孔后孔边毛刺的清除、铆钉孔的质量控制等内容见基本技能钻孔任务章节。

（五）锪窝

沉头铆钉铆接，需要在工件上制出铆钉孔后再制出沉头孔（也称为制沉头窝），制窝方法有锪窝法、压窝法。锪窝的刀具选择、锪窝方法及锪窝的质量要求见基本技能锪窝任务章节。

（六）普通铆接

普通铆接是飞机装配连接的主要技术之一。它是将铆枪的冲击力作用在铆钉头或铆钉杆上，使铆钉杆镦粗变形形成镦头的铆接方法。铆枪上的活塞锤击铆卡，铆卡以较大的速度锤击到铆钉上，由于加速度很大使铆接力在极短的时间内即可达到数千牛的数值，从而使钉杆镦粗成型。

铆接一般由两个人配合完成，结构允许条件下也可单独铆接。操作时通常一人持铆枪，一人手持顶铁，根据铆卡锤击铆钉的位置不同分为正铆法和反铆法，如图 2-5-16 所示。

（a）正铆法　　　　　　　　　（b）反铆法

图 2-5-16　正铆及反铆示意图

正铆操作程序：顶铁顶住铆钉头→铆枪上的铆卡直接锤击铆钉杆→钉杆形成镦头。正铆法是用顶铁顶住铆钉头，铆枪冲击力直接作用在铆钉杆上，使铆钉杆镦粗变形形成镦头的方式。正铆法的冲击力直接作用在铆钉杆上，所以镦头的形成速度快、效率高，同时铆钉杆变形到一定程度后，铆接件才会吸收冲击能力，因此铆接件的变形小，表面质量好，应用较广。缺点是正铆法的顶铁较重，工人劳动强度大，并且要求零件结构开敞，结构内部要能够放入铆枪或顶铁。一般铆接时应尽量采用正铆。

反铆操作程序：铆枪上的铆卡放在铆钉头→顶铁顶住钉杆→铆枪上的铆卡锤击铆钉头→钉杆形成镦头。反铆法是用铆枪冲击力作用在铆钉钉头上，用顶铁的反作用力使铆钉杆镦粗变形形成镦头。反铆所用的顶铁较轻，便于操作，受工件结构限制较少，可以铆接通路较差的结构件。而且冲击力直接作用在铆钉头部起到自动压紧铆接件的作用，能促使两个铆接件贴紧消除夹层间隙；但反铆时冲击力打在铆钉头上，使部分锤击力从铆钉头部传递到钉头周围的零件表面，易使工件变形，甚至造成铆钉处产生局部凹陷，表面磕伤等缺陷。

小任务 5：张三接到一项修理任务，需要在飞机内部铝合金材料上对平锥头铆钉进行铆接操作，该处空间较为狭小，请你告诉张三应该采用哪种铆接操作方法，为什么？

任务实施：

学习完铆接方法后，跟小组同学讨论，将答案写在下方。

....

....

....

四、铆接操作要领

（1）铆接前检查铆枪是否完好，蒙皮孔是否去毛刺，表面是否清洁。人员是否做好劳动保护。

（2）铆接时，右手握住铆枪手柄，给铆卡一定的压紧力，防止铆卡跳动，保持铆枪平稳且垂直于蒙皮表面；中指扣住风门开关，食指放在铆枪侧面，根据铆接冲击力需求，扣住风门力量大小来控制进气量，此种方法方便灵活快捷；铆接时，用左手向铆钉孔内插入铆钉，两手相互配合，快速高效完成铆接过程。铆接姿势如图 2-5-17 所示。

（3）铆接一般由两人配合完成，手握顶铁的顶紧力开始不要过大，待铆钉钉杆略微镦粗后，再向顶铁加顶紧力，促进铆钉镦头成型，同时还要注意顶铁不要顶伤或碰伤结构件。

（4）在结构件不开敞的薄蒙皮铆接中，看不到顶铁是否顶住铆钉杆的情况下，一定要在铆钉孔内看到顶铁工作面，顶铁人员和铆接人员都确定已顶好，方可插入铆钉铆接，并要一次成型才能移动顶铁。不开敞的薄蒙皮铆接的冲击铆接时间要采用短时间，多次冲击成型镦头，其目的主要是防止冲击铆接振动大，产生顶铁位移，发生打在钉杆周围打出凹痕或打裂现象。

（5）排除连接件之间的间隙时，要先轻轻点铆，待铆钉杆略微镦粗后，再用顶铁顶在钉杆周围或把钉杆套在空心冲内，使空心冲紧贴钉杆根部零件表面，用顶铁顶住空心冲，轻轻点铆；其次还可以用铆卡或顶铁顶住铆钉头，把钉杆套在空心冲内，敲打空心冲，消除间隙，保证平整的铆接外形。

图 2-5-17　各种不同铆接姿势

（6）采用反铆法铆接厚度大的连接件时，因结构空间小，在只能放置质量小于 0.5d 的顶铁情况下，铆钉镦头很难成型，需要长时间冲击，铆接变形增大，形成合格镦头，可在铆钉杆稍镦粗后，轻轻旋转晃动顶铁，镦头最后成型前顶铁工作面必须垂直于钉杆轴心线，如图 2-5-18 所示。

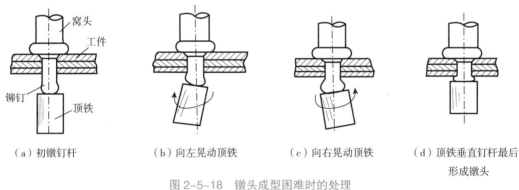

（a）初镦钉杆　　　（b）向左晃动顶铁　　　（c）向右晃动顶铁　　　（d）顶铁垂直钉杆最后
　　　　　　　　　　　　　　　　　　　　　　　　　　　　　　　　　　　　形成镦头

图 2-5-18　镦头成型困难时的处理

（7）采用反铆法铆接较薄的连接件时，尽量使用大铆卡，防止蒙皮变形。

（8）反铆时在铆卡和铆钉头之间垫玻璃纸，防止铆卡和蒙皮表面直接接触造成损伤，这样形成的表面质量较好。

（9）曲面连接件的沉头铆钉铆接，应使铆钉的沉头锥面紧密地贴合于沉头孔锥角。铆接开始时，铆卡轻轻地沿沉头铆钉头周围晃动或点铆，使沉头铆钉头贴紧铆钉窝后再加大铆枪功率进行铆接，如图 2-5-19 所示。

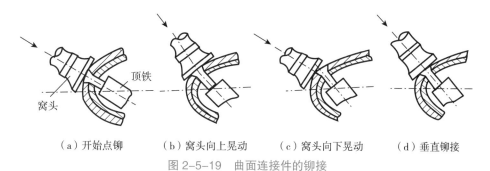

（a）开始点铆　　（b）窝头向上晃动　　（c）窝头向下晃动　　（d）垂直铆接

图 2-5-19　曲面连接件的铆接

（10）楔形连接件的沉头铆钉铆接，窝头要垂直于工件表面，顶铁工作面向楔形的张开方向倾斜 2°～3°，作用于铆钉杆上，镦头稍成型后，再将顶铁垂直于铆钉杆端面成型，如图 2-5-20 所示。

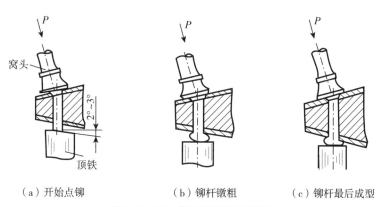

（a）开始点铆　　　　（b）铆杆镦粗　　　　（c）铆杆最后成型

图 2-5-20　楔形连接件的铆接

（11）铆钉杆初镦时，若钉杆有轻微顶歪情况，可将顶铁工作面沿歪的方向逆顶，矫正钉杆后，顶铁轻轻晃动使其工作面垂直于钉杆铆接，直至镦头成型，如图 2-5-21 所示。

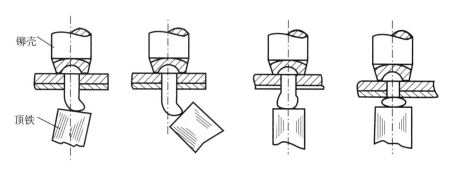

（a）初铆钉杆歪了　　（b）顶铁沿歪的方向顶　（c）顶铁垂直钉杆镦粗　（d）铆杆最后成型

图 2-5-21　矫正铆钉杆铆歪的方法

（12）当铆接两种材料或厚度不同的连接件时，为防止铆接变形，尽量将镦头放在较硬较厚的材料一面。

（13）当结构件无法直接用手向铆钉孔放铆钉时，可以制作一个放钉器来放铆钉，如图 2-5-22 所示。

图 2-5-22　铆钉放钉器

（14）为了防止蒙皮铆接后产生鼓动或波纹，要采用中心法或边缘法铆接，如图 2-5-23 所示。

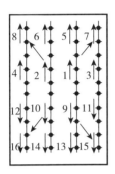 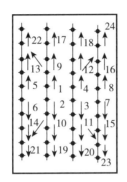 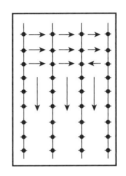 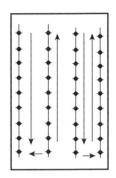

图 2-5-23　中心法与边缘法铆接

案例 2

通过以往教学，发现各位同学在练习铆接的过程中，随着时间的推移，大家的积极性逐渐降低，加上天气冷热影响，心情会较为烦躁，铆接会使用到气钻和铆枪，都会发出刺耳的噪声，会使人更加烦躁。每个训练件上有很多的孔，需要铆接很多的铆钉，是一个重复性的、枯燥的工作，心理承受力会变低，逐渐演变成不想训练、觉得以后工作劳累，学习没有前途。

但是，我国民航客机为了商业运营需求，遍布祖国大江南北，气候各不相同，夏天天气炎热，比如火炉城市重庆、南京、武汉等，冬天天气寒冷，比如黑龙江、吉林、辽宁等，在这些天气下，民航客机依然在进行飞行，靠的是我们机务人员尽心尽力的保障。这是一份非常艰苦的工作，需要我们的从业人员有吃苦耐劳的精神，有奉献的精神。

为了适应现代化战争的需求，军机都需要能够进行全天候作战，在西藏高原有军机在训练，在偏远的海岛也有军机在训练，在夏季下雨也要进行训练，在东北冬季零下几十摄氏度也要进行训练。为了训练出能够进行全天候作战的能力，我们的机务战士会顶着星光出发，迎着星光回家，甚至会进行通宵达旦的机务工作，为的就是提高保障飞机安全飞行的技术水平，提升我军战斗力，这些都需要我们的机务战士具备吃苦耐劳的精神，具备勇于奉献的精神。

所以各位同学在平时课程的训练中要勇于克服困难，能够吃苦耐劳，要积极主动进行训练，提升技能水平。

祖国终将选择那些忠诚于祖国的人。

祖国终将记住那些奉献于祖国的人。

五、铆接质量要求

（一）铆钉头质量要求

目测铆钉头表面不允许出现伤痕、压坑、切痕、裂纹和其他机械损伤；铆钉头与铆接零件表面应贴合，允许不贴合的单向间隙 < 0.05mm，如图 2-5-24 所示，但这种铆钉数量应小于铆钉排总钉数的 10%；沉头铆钉原则上不得下沉，沉头铆钉允许凸出蒙皮 0 ～ 0.1mm 的高度，或满足技术条件规定值，如图 2-5-25 所示；内部结构非气动外形的沉头铆钉头相对零件表面凹凸量在 ±0.1mm。

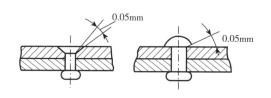

图 2-5-24　铆钉产生的单面间隙

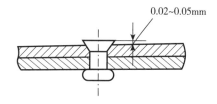

图 2-5-25　沉头铆钉凸出量

小任务 6：在飞机表面气动外形蒙皮上安装直径为 $\phi 4$ 的沉头铆钉，铆钉头允许高于蒙皮的值是多少？如果铆钉头高出规定值，那么会给飞行带来什么影响？

任务实施：

学习完铆钉头质量要求后，将答案写在下方。

（二）铆钉镦头质量要求

标准镦头尺寸符合表 2-5-14 所示极限偏差范围。

表 2-5-14　铆钉标准镦头尺寸及其极限偏差　　　　　　　　　　　　　　　　mm

铆钉直径 d	2.0	2.5	2.6	3.0	3.5	4.0	5.0	6.0	7.0	8.0	10
镦头直径 d_1	3.0	3.8	3.9	4.5	5.2	6.0	7.5	8.7	10.2	11.6	14.5
镦头直径极限偏差	± 0.2	± 0.25		± 0.3		± 0.4	± 0.5	± 0.6	± 0.7	± 0.8	± 1.0
镦头最小高度 h_{min}	0.8	1.0	1.1	1.2	1.4	1.6	2.0	2.4	2.8	3.2	4.0
镦头对钉杆轴线同轴度	$\phi 0.4$					$\phi 0.6$		$\phi 0.8$	$\phi 1.0$	$\phi 1.2$	$\phi 1.4$
镦头圆度	在镦头直径极限偏差内										

标准镦头应呈鼓形，不允许呈"喇叭形"或"马蹄形"；镦头表面不允许有裂纹、切痕、下陷和其他机械损伤；镦头应与铆接件表面贴合紧密，如图 2-5-26 所示。

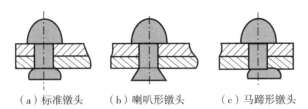

（a）标准镦头　　（b）喇叭形镦头　　（c）马蹄形镦头

图 2-5-26　铆钉镦头形状

标准镦头的端面应平行于铆接件表面，相对于铆接件表面的平行度允差不大于 0.1 倍铆钉直径，如图 2-5-27 所示。用锤铆时，镦头端面与铆接件表面平行度允差为 0.15d。在未锪平的斜面零件上铆接，应将其镦头置于斜面上，如图 2-5-28 所示。

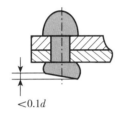

$<0.1d$

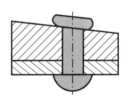

图 2-5-27　铆钉镦头平行度公差　　　　图 2-5-28　镦头位于斜面上

小任务 7：张三在飞机上对直径为 $\phi 4$ 的铆钉进行铆接后，镦头直径应为多大，极限偏差为多少？张三可以采用哪些量具来检测镦头是否符合要求？

任务实施：

学习完铆钉墩头质量要求后，将答案写在下方。

....

....

（三）铆接件的质量要求

（1）铆接件不允许有被工具打出的凹坑、碰伤及划伤。但在难铆接处允许有不大于 1/2 圆周，深度小于 0.1mm 的窝头痕迹。

（2）铆钉头周围的蒙皮和两个铆钉之间的蒙皮允许有下凹量，其允许下凹量见表 2-5-15。

（3）夹层厚度大于 10mm，蒙皮厚度 <1mm 的多排铆钉，允许铆钉周围蒙皮下凹量为 0.35mm，但这种铆钉数量不多于铆钉排总钉数的 50%。

表 2-5-15　铆接件蒙皮的允许下凹量　　　　　　　　　　　　mm

测量单元	部位	允许下凹量	蒙皮下凹示意图
一个铆钉间距 t_1	一般结构	≤ 0.2	
一个铆钉间距 t_1	进气道内部结构	≤ 0.4	
	开敞性不好难铆接处	≤ 0.3	
两个铆钉间距 t_2	一般结构	≤ 0.2	
	多排铆钉，间距小于 30mm，弯曲半径小于 300mm 处	≤ 0.3	

（4）铆接后铆钉处被连接件之间不允许有间隙，但在两个铆钉中间的铆接件之间允许有局部间隙，其允许间隙值见表 2-5-16。

表 2-5-16　铆接件夹层间允许的局部间隙　　　　　　　　　　mm

蒙皮厚度	铆钉间距	允许间隙	铆接件夹层间的局部间隙示意图
≤ 1.5	> 40	≤ 0.5	
	≤ 40	≤ 0.3	
1.6 ~ 2.0			
> 2.0	20 ~ 40	≤ 0.2	

案例 3

通过铆接质量要求，我们可以看出，即使是飞机上千千万万颗铆钉中不起眼的一颗，对其质量要求也是非常高的，既有铆钉头，也有镦头，还有板件，可以说涵盖了方方面面。所以说机务工作无小事，即使是一颗小小的铆钉，都需要我们认真、仔细、高标准、严要求地完成，我们在工作中要养成精益求精的工作精神，没有最好，只有更好，只有这样我们才能保证飞行的安全，才能在岗位上做得更好，走得更远。

下面我们来看看大国工匠——沈飞首席技能大师方文墨是怎么在机务工作岗位践行精益求精的机务精神的。

方文墨的工作是为歼 15 舰载机加工高精度零件，加工精度挑战着世界级水平。在工业化时代，尽管大多数零件都可以自动化生产了，但是有的战机零件因为数量少、加工精度高、难度大，还是需要手工打磨。所以精湛的锉磨手艺还是钳工的必备功夫。教科书上，手工锉削精度极限是 0.010mm。而方文墨加工的精度达到了 0.003mm，相当于头发丝的 1/25，这是数控机床都很难达到的精度。中航工业将这一精度命名为——"文墨精度"。歼 15 舰载机一些高精度的细小零件加工尤为繁琐。一个看起来并不起眼的电缆铜接头，需要打出一个 1.4mm 的小孔，但加工时产生的铜屑总有飞溅残留的概率，这就可能引发电路短路，甚至导致机毁人亡。

如何消除铜屑残留，成了关系工作成败的大事。方文墨反复研究后发现，徒弟们的加工方法没错，出现铜屑残留是模具的设计和工艺存在问题。他一遍遍琢磨，对铜接头的工艺流程和生产模具进行深度改进，不仅解决了铜屑残留的麻烦，工作效率也提高了4倍。几天之后，文墨班组按时按量交出了100%合格的铜接头零件。

方文墨整个工作历程都是在不间断、不懈怠的自我超越中走过的。在参加工作不到13年的时间里，方文墨改进工艺方法60多项，自制新型工具100多件，整理了20多万字的钳工技术资料。这是方文墨自身技术进步的最佳实证，是人生境界的扎实跨进。

今天，歼15舰载机上，有近70%的标准件是方文墨所在的工厂生产的，那些担当大任的小零件，是方文墨和工友们的智慧与汗水的结晶。他们助力中国战机一飞冲天，惊艳世界。在全球军机发展背景下看待中国歼15舰载战机，都堪称奇迹。

六、铆接缺陷产生原因及排除方法

（一）常见铆接缺陷的种类、产生原因及排除方法

表2-5-17　常见铆接缺陷的种类、产生原因及排除方法

序号	铆接缺陷	铆接缺陷示意图	缺陷原因分析	排除方法
1	铆钉杆在铆钉孔内弯曲		铆钉孔大且铆钉杆过长	用大一号铆钉铆接
2	铆钉杆在两个被连接件中间被镦粗		1.铆接时两个零件没贴合好；2.零件没夹紧	拆除铆钉；夹紧零件使其贴合后再铆接
3	铆钉杆在铆钉头下方被镦粗，铆钉头与被连接件之间出现间隙		1.铆接时铆卡压力不够；2.顶铁压力过大	更换铆钉补铆
4	铆钉头与被连接件贴合不紧密		1.铆钉头与铆钉杆连接处有凸起；2.铆接时顶铁未顶紧	更换铆钉；顶紧顶铁重新铆接

表 2-5-17（续）

序号	铆接缺陷	铆接缺陷示意图	缺陷原因分析	排除方法
5	铆钉头倾斜		1. 铆接时操作失误； 2. 顶铁放偏	更换铆钉； 放正顶铁重新铆接
6	铆钉头或铆钉镦头有裂纹、被打伤、有凹痕		1. 铆钉的塑性不够； 2. 顶铁顶得不正确，有松动	更换铆钉
7	铆钉镦头高度过小		1. 铆钉长度不够； 2. 铆接力过大，镦头压扁	更换铆钉； 选择合适长度铆钉、重新铆接
8	铆钉镦头直径过小		1. 铆钉长度不够； 2. 铆钉孔径过大； 3. 铆接力不足	更换铆钉； 选择合适长度铆钉、重新铆接
9	铆钉镦头呈喇叭形		1. 铆枪功率过小； 2. 气压不够； 3. 顶铁太轻	更换铆钉； 重新铆接
10	铆钉镦头偏移		1. 铆钉过长； 2. 顶铁位置放偏； 3. 钉孔偏斜	更换铆钉； 选择合适长度铆钉、重新铆接
11	铆钉镦头倾斜		1. 顶铁工作面与零件不平行； 2. 压铆模工作面歪斜	更换铆钉； 选择合适长度铆钉、重新铆接

表 2-5-17（续）

序号	铆接缺陷	铆接缺陷示意图	缺陷原因分析	排除方法
12	铆钉在铆合处断开		1. 零件间有间隙； 2. 铆钉压得不紧； 3. 装配错误	更换铆钉； 压紧零件、重新铆接
13	沉头铆钉头凹进零件表面		1. 沉头窝锪得太深； 2. 铆钉选择不对； 3. 铆钉头高度不对	更换铆钉或加大铆钉
14	沉头铆钉头凸出零件表面过大		1. 沉头窝锪得太浅； 2. 铆钉头高度太高	更换铆钉，重新锪窝
15	铆钉头与铆钉窝之间有间隙		1. 铆钉头与铆钉窝的角度不一致； 2. 铆钉窝与铆钉杆不同轴	重新锪窝，用大一号的铆钉铆接
16	铆钉头处的零件被打伤		1. 铆卡上的窝过深； 2. 铆枪铆卡安放不垂直	零件若损坏严重需更换零件
17	铆钉头周围蒙皮下陷		1. 蒙皮与骨架之间有间隙； 2. 操作过程配合不当； 3. 顶铁重量与铆枪不匹配	校正敲修蒙皮
18	蒙皮沿铆缝局部下陷或整个下陷		1. 操作过程配合不当； 2. 顶铁重量与铆枪不匹配	敲修，严重的分解铆钉加垫排除

小任务 8：张三在飞机上对直径为 $\phi4$ 的铆钉进行铆接后，测量发现镦头直径为 $\phi5.2$，请问张三应该怎么做？

任务实施：

学习完铆接缺陷原因及排除方法后，将答案写在下方。

（二）拆除损坏铆钉方法

在铆接件的质量检查中，当发现铆钉材料或规格不对，镦头形状及尺寸不合要求或者镦头上有裂纹等缺陷，就需要拆除并更换这些不合格的铆钉，要拆除铆钉需要将铆钉头去除然后用铆卡将铆钉从孔中冲出。铆接件表面不允许受到损伤时，用钻孔的方式拆除，如图 2-5-29 所示。

（1）为了使钻头中心与铆钉钉杆中心对齐，需要在铆钉头中心处打样冲眼，如果是半圆头铆钉可以用锉刀在半圆形铆钉头上锉一个小平面，再打样冲眼。

（2）用手转动钻夹头，使钻头在铆钉钉头上旋转出一个浅坑。

（3）直接用同铆钉直径的钻头在铆钉钉头上钻孔，左手托住钻身，并用左手指接触工件作为风钻的支撑点，使钻头处于铆钉头中心钻孔，如果钻头偏离了铆钉头中心位置，可将风钻先偏斜适当角度，调整钻头钻到铆钉头中心，再使风钻垂直铆钉头。

（4）钻孔的深度等于铆钉头的高度，也就是铆钉头自己脱离铆钉杆的位置，禁止直接将铆钉钻穿。

（5）如果铆钉头没有自动脱落，则在所钻孔中插入合适的直杆冲或铁棍将铆钉头轻轻撬去。

（6）铆钉头脱离后，用比铆钉直径小 0.1mm 的铆钉冲，将钉杆冲出孔位，此时应用顶铁将铆接件顶住，防止零件变形。

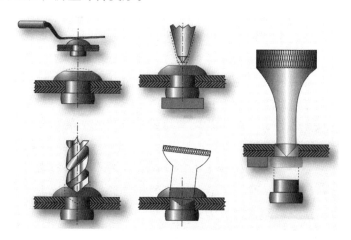

图 2-5-29　拆除铆钉的方法

小任务 9：张三在飞机上对直径为 ϕ4 的铆钉进行铆接后，测量发现镦头直径为 ϕ6.8，请问张三应该怎么做？

任务实施：

学习完铆钉拆除方法后，将答案写在下方。

（三）加大铆钉孔的方法

（1）当不合格铆钉拆铆后，铆钉孔实际偏差在表2-5-18中的偏差范围内时，用原直径铆钉铆接，如果铆钉拆除后孔径实际偏差大于规定偏差值时，加大一级孔径（波音、空客规定加大量不超过1/64in），并更换大一号铆钉进行铆接。

表2-5-18　铆钉孔直径及其极限偏差　　　　　　　　　　　　　　　　mm

铆钉直径	2.0	2.5	2.6	3.0	3.5	4.0	5.0	6.0	7.0	8.0	10.0
铆钉孔直径	2.1	2.6	2.7	3.1	3.6	4.1	5.1	6.1	7.1	8.1	10.1
铆钉孔极限偏差	+0.10 0					+0.15 0			+0.20 0		
更换同号铆钉时的孔极限偏差	+0.20 0							+0.30 0			

（2）当加大一级铆钉是沉头铆钉时，锪窝的蒙皮应加大一级锪窝的深度，根据铆钉选择锪窝钻，对原有窝进行加深。

（3）加大铆钉数量不得超过一排铆钉总数的10%。

案例4

飞机内部结构及表面蒙皮上有千千万万颗铆钉，每一颗铆钉的质量都要达到要求才能保证飞机结构的可靠性，才能保证飞行的安全，如果有不符合要求的铆钉，必须查找原因，拆除或更换铆钉，使之质量标准符合要求。这跟我们机务工作者一样，每一个人员、每一个岗位都非常重要，一颗铆钉松脱，可能整个结构强度带来影响，有可能会在某些情况下造成飞行事故，任何一名机务工作者的技术不过关或粗心大意，也都有可能给飞行带来巨大安全隐患。一架飞机的安全运行离不开每个岗位从业的机务人员的付出，靠的是大家的团结协作、默契配合。所以我们每个人员都应该像铆钉一样，牢牢地钉在自己的岗位上，相互之间要团结友爱、通力协作，才能让我们的飞行安全长久地保持下去，让航空成为最安全的交通出行方式。对于军机来讲，靠大家的团结协作，才能让我们的军机能够更快地上天参加战斗，才能提升我军战斗力，让我们的空军成为一流空军，让我们在未来可能发生的战争中占得先机，让我们的人民安全更加有保障。

七、飞机上铆接件变形原因及解决措施

在装配和铆接飞机构件、板件和部件的时候，经常会碰到各种各样的铆接变形问题。铆接变形的原因很多，但其中很多铆接变形，只要在装配铆接中，装配方法和铆接顺序得当，操作技术水平较高，是可以避免产生的。

（一）铆接变形产生的原因

（1）飞机结构的刚性较差产生变形

飞机结构大多为轻合金的薄壁结构，由于轻合金的弹性模量较低，使得薄壁结构的抗弯刚度及抗扭刚度都要比黑色金属薄壁结构差，因而与一般机械相比飞机结构的刚性就较差。在制造和装配过程中，无论采取哪种连接方式都很容易产生变形，如果不很好地加以控制就会造成超出使用要求所允许的范围而报废。

现代的一些低速小型飞机，为减轻机体结构的重量，提高商载能力，大多采用了超薄壁结构，即飞机机体结构的蒙皮和骨架（桁条、框和肋等）均是用 0.3～0.8mm 铝合金薄板制成，其工艺方法及工人操作技术都有独特的一面，为区别于一般薄壁结构，而称其为超薄壁结构。如机翼的后缘、襟翼、副翼及舵面等。这种结构的蒙皮很薄，骨架零件也很弱，往往经不起铆枪的锤击，甚至轻度的锤击就会使铆钉周围的蒙皮连同骨架一起产生局部凹陷，因此多数采用无冲击力的抽芯铆钉进行铆接，即使如此，如果操作时掌握不当，钉杆断裂时拉铆枪产生的反冲也会将产品冲出一个局部的凹坑。

（2）铆接工件应力变形

在铆接过程中，由于铆钉杆在镦粗时挤压孔壁和钉头，镦头挤压工件表面，而产生内应力，在应力的作用下，使铆钉附近材料延伸，而铆钉镦粗时，挤压力并不是沿铆钉杆全长均布的，越靠近镦头挤压力越大，另外由于不同的材料或不同的厚度相铆接，延伸量也不一样。飞机产品结构比较复杂，由于铆接方法和铆接顺序的不同，应力变形或积累增加或相互抵消，故产生了不平衡的变形，致使工件产生弯曲、扭曲等不同形式的变化。

（3）定位基准和约束选择的不合理，以及工装使用不当而变形

工装除了定位作用外还有控制产品变形的功能。如何正确选择适合产品特点的工装是很重要的。如某型机的外襟翼型架，每隔两个肋给一块卡板，虽然简化了工装，但在铆接过程中对肋的偏摆不易控制，保证不了表面平滑度和后缘直线度的要求。有时尽管有卡板，但操作者若怕麻烦，工作时将多块卡板同时打开，产品失去约束，很容易产生变形。

（4）零件不协调或零件与定位器不协调而进行强迫装配引发变形

参加装配的零件相互间不协调或零件与工装定位器不协调，如不采取措施就进行强迫装配势必产生应力而使工件变形。如接头在取消约束后产生回弹，致使接头孔偏离定位点过大。

（5）施工过程中装配方法和铆接顺序不合理引发变形

对于薄壁结构应视刚性的强弱采用不同的铆接方法。一般遵循中心法或边缘法，否则材料膨胀无法向外延展而产生鼓动和变形，尤其是蒙皮对缝处的间隙，应经常观察是否相顶，及时加以修锉。一旦两块蒙皮相顶，最易产生鼓动。

（6）铆接工具选用不当，铆接时施力过大引起变形

应根据产品结构的刚度和铆钉直径选用适当功率的铆枪和适当重量的顶铁。冲击铆接时如铆枪功率过大，铆钉杆镦粗不均匀，冲击时间长，镦头过扁，都会使铆接件产生过大的内应力而变形和蒙皮表面沿铆缝凹陷，致使平滑度不好。

（7）操作者技术水平低引起变形

操作者实践经验少，工作责任心不强和主、副手配合得不好，都容易产生铆接变形。为此，就要求操作者在铆接过程中，要不断地认识、掌握变形规律，提高技能水平，增强责任感和协作精神，及时采取防范铆接变形的措施。

（8）零件本身不合格

如蒙皮本身就带有鼓动或松动。有的产品鼓动是由于蒙皮本身不合格，在未装配之前，已带有鼓动和松动。尤其是超薄的压梗蒙皮，往往在成型过程中就产生了鼓动。

（二）预防和减少铆接变形的措施

（1）工装设计时，正确地选择定位基准，合理布置约束，并保证有足够的刚度，工作开敞，并且不能过于简化。

（2）参加装配的零、组件之间和定位器之间要保证协调，如果超差需及时返修。属于公差积累造成的不协调，应在允许的范围内进行补加工，不能进行强迫装配。

（3）采用合理的铆接顺序，遵循中心法或边缘法，并注意蒙皮对缝是否互相干涉，及时加以修锉。

（4）采用应力装配法，防止蒙皮鼓动，先将蒙皮一端固定在骨架上，然后用机械装置或橡皮绳等将蒙皮拉紧并贴合在骨架上，使蒙皮处于拉应力状态下与骨架铆接。

（5）应尽量采取压铆和正铆法，反铆时，尽量避免锤击时间过长。

（6）铆钉长度和镦头要加以控制，镦头高度尺寸取上限（除设计要求外），避免镦头过扁产生工件变形。

（7）减少铆缝下凹，可采用带保护套的平头钉铆卡和大面凸头钉铆卡铆接。

（8）掌握锤击力的大小，采用功率适宜的铆枪和重量适宜的顶铁，尤其是在分解重铆时更需注意。

（9）施工过程中应经常检查产品的准确程度，如检查骨架的平直度、蒙皮铆完后的平滑度，接头定位销子的松紧度等，发现变形及时加以克服。

（10）尽量采用在夹具内铆接，以保证骨架的准确外形。外形不平整，可在允许范围内，加垫补偿。铆接蒙皮时，每铆一个框或一个肋时，只能打开一道卡板，不允许同时打开多道卡板进行铆接。

（11）对于薄蒙皮、骨架刚性较差的结构，特别是超薄壁结构，以及工艺、设计分离面的连接处，铆接工序在架内不受夹具影响铆接的，要铆完才能下架。

（12）为了保证机翼、尾翼、襟翼、副翼和舵面的后缘直线度，避免波浪式变形，后缘条上的铆钉可正、反交替安放和铆接，使其变形能相互有所抵消。

（13）为了克服不可避免的铆接变形对接头孔位置准确度的影响，只有在装配的最

后工序才能进行铰孔。但在铰孔前需检查孔的偏移量是否能保证孔的精度、光滑度和最小边距的要求。

（14）蒙皮在装配之前，应很好地检查其状态，如有鼓动和松动现象不能使用。

（15）在薄蒙皮与厚工件或接头连接的反铆中，由于铝铆钉长，铆钉直径粗，铆接中镦头难以成型，锤击时间长，蒙皮很容易变形，铆接后不能满足技术条件规定的外形。为了解决这一问题，可采用将铝铆钉放在盐炉中，进行热处理（退火）大约15min，从盐炉中取出后，立即放在清水中冲洗干净后，再进行铆接，这样退火的铆钉，在自然硬化之前，易使镦头成型，可以减少铆接锤击的时间，避免铆接时间长，产生铆接变形，同时也提高了铆接效率，确保了铆接质量。

（三）铆接件变形的排除方法

（1）敲修法

敲修是在变形的部位，用木锤或橡皮锤进行敲击。对于局部的凹陷和凸起，可从结构内向外和从外向内进行敲击，视情况可在背面用木块顶住。敲击力的大小和范围根据结构和变形情况决定。但不宜在一处敲打时间太长，以免产生鼓动，更不得损坏材料和连接强度。

（2）加垫法

对于局部较轻的凹陷，为保证协调和外形准确度，在图样和技术条件允许的范围内，可将变形部位分解，然后在骨架和蒙皮间加入两端带斜坡的适当厚度的垫片，重新进行钻孔铆接。

（3）反变形法

反变形的方法，往往是行之有效的，但需在实践中取得经验，掌握了变形规律的情况下进行实施。如某机的升降舵，翼尖部分总是向下翼面扭曲，那么就可以在下翼面蒙皮铆完后，检查一下扭曲情况，根据变形量的大小，在翼尖后缘处下蒙皮和卡板间加上适当厚度的垫片，使其向上翼面方向预先有个反变形，然后再铆上翼面蒙皮。这样在取消约束以后，产品就弹回到接近正确的位置。

（4）热校正法

对于某些材料，如高强度铝合金，不允许冷校正，只能采用热校正的办法来排除变形。这是一种专门技术，应按有关规定执行。

安排做热校正的人员，必须经过专门培训和考试合格。热校正项目的内容，必须严格按有关部门审批的技术文件执行。所使用的设备、工具、材料及操作方法必须遵守技术说明书的规定。

（5）排除蒙皮鼓动的方法

①用带有较小弯边高度的加强桁条，将两端铣薄，然后插入骨架和蒙皮之间，移动到鼓动部位，再用适当数量的铆钉与蒙皮铆接。

②加强处的数目不应超过图样和技术条件的规定。

③对于轻微的鼓动可以用粘贴玻璃布或粘贴泡沫块的方法排除。

⚙️ **任务实施**

铆接实操训练任务实施练习：根据工单工作任务要求，完成铆接操作练习。按照航空维修标准和工具管理规范，确保所有项目都完成，没有遗漏，工作过程正确。签署工卡时按照航空机务工作工卡签署"九字方针"——"看一项、做一项、签一项"进行。

实习工作单		适用课程类型		
		飞机维修类		
实习项目	铆接			
工具/设备	铅笔、钢直尺、气钻、去毛刺工具、锯弓、锉刀、圆规、铆枪			
消耗材料	铝板、锯条、麻花钻、锪窝钻、铆钉			
工序	工作任务描述		学员	教员
1	**安全要求/注意事项** （1）防止铝板边缘毛刺划伤手； （2）钻孔、锪窝操作时必须佩戴护目镜； （3）钻孔、锪窝过程中应佩戴耳塞； （4）钻孔过程中，严禁嘴吹铝屑； （5）铆接过程中，铆枪头严禁对人			
2	**工作准备** （1）清点工具、量具、设备； （2）检查并确定给定的铝板尺寸分别为 112mm×122mm×2mm、115mm×122mm×1.5mm			
3	**工作流程** 1.划线： （1）在1号底板上划外形尺寸和4个定位槽口； （2）划2/3/4号面板外形尺寸； （3）复查所有尺寸是否正确。 2.下料： （1）在台钻上钻4个定位槽位置的 ϕ12.5 终孔，并锯削、锉削4个定位槽口； （2）用 ϕ4.1 钻头在4号板直角交叉处钻孔； （3）用锯削、锉削方式制作2/3/4号板外形尺寸，并注意对缝修锉； （4）检查外形尺寸是否符合要求，检查对缝是否平直、是否均匀。 3.孔位划线： （1）用铅笔或记号笔在2/3/4号板上划出孔位线； （2）检查划线是否正确。 4.定位、钻孔： （1）用弓形夹将2号板固定在1号板上，注意对齐尺寸线； （2）用 ϕ2.6 钻头在2号板一侧钻出底孔； （3）用 ϕ4.1 钻头进行扩孔操作； （4）用弓形夹将3号板固定在1号板上，注意与2号板的对缝间隙； （5）重复2/3步骤； （6）用弓形夹将4号板固定在1号板上，注意与3号板的对缝间隙； （7）重复2/3步骤			
工作单类型		完工日期	完工签署	第1页，共5页
□基础培训	☑技能培训			

（续）

工序	工作任务描述	学员	教员
3	5. 锪窝： （1）用锪窝钻在 3/4 号板一侧进行锪窝操作，沉头铆钉与零件表面平齐度为 0~0.1mm，注意锪窝过程中应不断用铆钉检查锪窝深度是否符合要求； （2）检查锪窝质量。 6. 分解、清洗、去毛刺： （1）将零件分开，对所有板件上的孔正反两面进行去毛刺操作，对零件边缘及对缝边缘进行去毛刺操作； （2）清洗划线痕迹及板料上的污渍。 7. 定位、铆接： （1）用穿心夹将 2 号板与 1 号板固定，在 2 号板侧放入平锥头铆钉，采用反铆操作进行铆接，镦头在 1 号板侧； （2）用穿心夹将 3 号板固定在 1 号板上，在 3 号板上放入沉锥头铆钉，采用正铆操作进行铆接，镦头在 1 号板侧； （3）用穿心夹将 4 号板固定在 1 号板上，在 4 号板上放入沉锥头铆钉，采用反铆操作进行铆接，镦头在 1 号板侧； （4）检查所有铆接质量是否符合要求； （5）精修外形尺寸，清洗组件，检查整个组件质量。 8. 作品上交： 在组件右下角写上工位号与姓名，字迹工整清晰		
4	测试/检查 （1）铝板表面平整、没有划痕及毛刺； （2）铝板外轮廓尺寸符合要求； （3）零件外轮廓尺寸符合要求； （4）铆钉间距、边距符合要求； （5）锪孔质量符合要求； （6）铆钉无损伤、镦头高度、直径符合要求； （7）蒙皮表面无划伤		
5	工作结束 （1）清洁工具、量具，清点工具、量具； （2）清洁工作现场		

工作单类型		完工日期	完工签署	第2页，共5页
□基础培训	☑技能培训			

（续）

附图如下，单位为 mm：

一、1 号底板

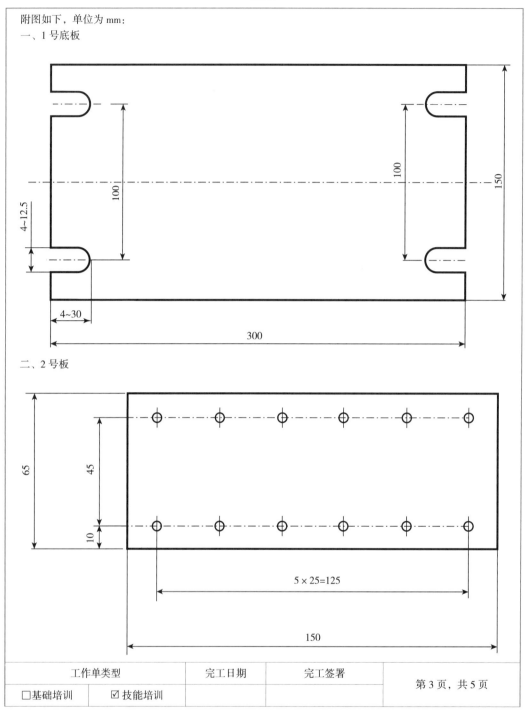

二、2 号板

工作单类型		完工日期	完工签署	第 3 页，共 5 页
□基础培训	☑技能培训			

（续）

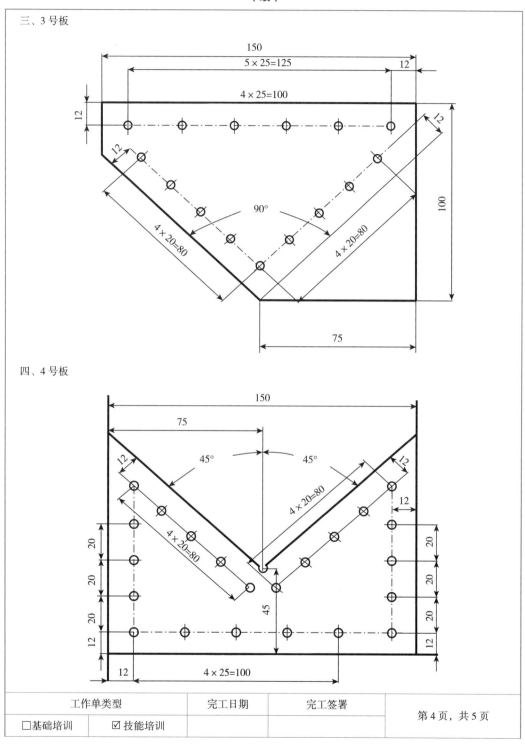

三、3号板

四、4号板

工作单类型		完工日期	完工签署	
□基础培训	☑技能培训			第4页，共5页

（续）

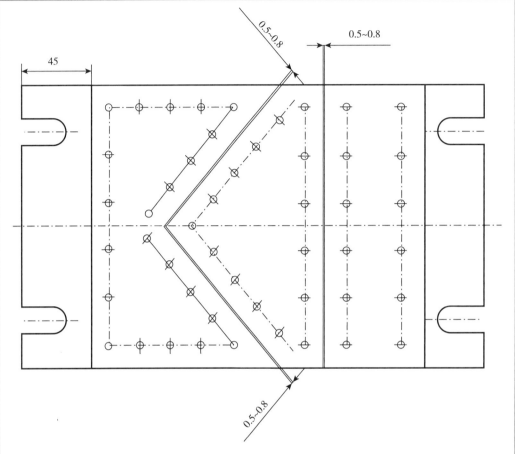

技术要求:

1. 试板尺寸公差 ±0.5mm,四角垂直度 90° +30″;

2. 铆钉间距公差 +0.5mm,孔位边距公差 ±0.4mm;

3. 锐角去毛刺 <0.2mm;

4. 工件夹层缝隙 <0.3mm;

5. 对缝间隙 0.2 ~ 0.8mm,局部对缝阶差 ±0.3mm;

6. 铆接后工件表面平整度 <0.4mm;

7. 铆钉头在零件 2 号板、3 号板侧,HB 6316 铆钉头凹凸量为 0 ~ 0.05mm;

8. 零件表面不允许打磨修复

工作单类型		完工日期	完工签署	第 5 页,共 5 页
□基础培训	☑技能培训			

评价与反馈

学生对自己完成任务做自我评价，完成下表。

mm

班级：			姓名：		学号：		
序号	考核要求		配分	工量具	评分标准		得分
	项目	公差					
1	整体外形尺寸	±0.5	7	游标卡尺	每超差一处扣1分（至少测量4处、超出1mm每处2分）		
2	四角垂直度	±30′	4	直角尺	每超差一处扣1分		
3	四角圆弧R	R5±0.5	4	半径规	每超差一处扣1分		
4	零件无毛刺、锐边倒圆、光滑尖角		5	目视	每超差一处扣1分（大于10mm算一处）		
5	制孔质量		2	目视	孔是否圆滑，椭圆孔扣除3分		
6	对缝处局部阶差	±0.3	2	钢直尺、塞尺	每超差一处扣1分（大于0.5mm不得分）		
7	工件对缝间隙（0.6）	0.2/0.8	10	塞尺	每超差一处扣1分，直线距离大于10mm算一处，间隙小于0.1mm和间隙大于1mm时，则超差一处扣2分		
8	铆钉孔间距	±0.5	6	钢直尺	每超差一处扣1分（每孔位算一处）		
9	铆钉孔边距	±0.5	6	钢直尺	每超差一处扣1分（每孔位算一处）		
10	锪窝质量		2	目测	窝壁是否光滑、圆滑不满足扣3分		
11	埋头铆钉头凸出量	0~0.1	15	铆钉卡板	每超差一处扣1分		
12	铆钉头损伤及镦头损伤	±0.1	5	目测	每超差一处扣1分		
13	铆钉镦头成型质量	技术规范	15	铆钉卡板	每超差一处扣1分		
14	夹层间隙	0.1	2	塞尺	每超差一处扣1分		
15	铆接后工件表面不平度	±0.5	5	钢直尺	每一处扣1分（大于1mm不得分）		
16	工件表面轻微机械损伤	0~0.1	6	目测	每超差一处扣1分（大于10mm算一处，<0.1，>1mm每处2分）		
17	零件2/3弧度尺寸控制	±0.5	4	塞尺	每超差一处扣2分		
18	外观				不符合图样一处、与报废零件一项扣5分；孔未去毛刺一处扣2分；零件未完成酌情2~5分		
19	安全文明生产				酌情扣1~5分，严重者扣10分		
20	合计						

思考与练习

一、单选题

1. 直径为 4mm 的铆钉，长度应为铆接厚度加上（　　　）倍铆钉直径。

A. 1.1 　　　　　 B. 1.2 　　　　　 C. 1.3 　　　　　 D. 1.4

2. 反铆时铆卡与铆钉头之间为了防止摩擦痕迹，可以垫一层（　　　）。

A. 纸胶带 　　　 B. 塑料薄膜 　　 C. 玻璃纸 　　　 D. 压敏胶带

3. 标准镦头的端面应平行于铆接件表面，相对于铆接件表面的平行度允差不大于（　　　）倍铆钉直径。

A. 0.01 　　　　 B. 0.02 　　　　 C. 0.05 　　　　 D. 0.1

4. 铆接完成后，铆钉头上有伤痕解决方法是（　　　）。

A. 更换铆钉 　　 B. 补铆 　　　　 C. 打磨光滑 　　 D. 涂漆

5. 选择正确长度的铆钉，铆接完成后，镦头高度过小解决方法是（　　　）。

A. 更换铆钉 　　 B. 补铆 　　　　 C. 加垫圈

6. 沉头铆钉通常使用的角度是（　　　）。

A. 78° 　　　　　 B. 100° 　　　　 C. 120°

7. 2017-T 冰箱铆钉要求在（　　　）内完成铆接。

A. 10min 　　　 B. 20min 　　　　 C. 1h 　　　　　 D. 2h

8. 波音标准铆钉的件号 BACR15BB4AD6 中 4 代表（　　　）。

A. 直径 　　　　 B. 长度 　　　　 C. 大小 　　　　 D. 材料

9. 波音标准中铆钉直径是以（　　　）in 为单位递增或递减。

A. 1/4 　　　　　 B. 1/8 　　　　　 C. 1/16 　　　　 D. 1/32

二、判断题

1. 抽芯铆钉主要用于单面铆接（不利于双面进行铆接操作）的场合。（　　　）

2. 平锥头铆钉的长度指的是整个铆钉的长度。（　　　）

3. 沉头铆钉的长度指的是光杆的长度。（　　　）

4. 铆钉长度计算与铆钉直径没有关系。（　　　）

5. 铆钉长度计算与铆接件厚度有关系。（　　　）

6. 铆接时铆钉头可以出现在弯曲件的圆弧面上。（　　　）

7. 铆枪冲击铆钉杆叫正铆。（　　　）

8. 平锥头铆钉应选择平头铆卡。（　　　）

9. 顶铁不分大小，只要操作者用力顶住就可以。（　　　）

10. 采用反铆法铆接较薄的连接件时，尽量使用小铆卡，防止蒙皮变形。（　　　）

11. 铆接时铆卡可以不与铆钉杆垂直。（　　　）

12. 铆接件不允许有被工具打出的凹坑、碰伤及划伤。（　　　）

三、问答题

1. 如何根据板厚选择铆钉长度？

2. 铆钉杆的长度对铆接有什么样的质量影响?

3. 在对铆钉杆为 $\phi 4$ 的铆钉进行铆接后,镦头直径应为多大,极限偏差为多少,镦头是否符合要求应怎么进行检测?

4. 沉头铆钉铆钉头的凸出量应为多少,如果不符合要求会给飞行带来什么样的影响?

项目六　折弯

📝 任务引入

在飞机内部结构修理中，常常需要对金属板件进行折弯，以达到和结构件紧密贴合，增强修理结构，所以掌握钣金件折弯技能对飞机结构修理人员来说非常重要。某教师为了训练学生折弯操作技能，设置如图 2-6-1 所示的训练任务，需要在盒形零件上进行钻孔、铆接、折弯操作，那么折弯需要用到哪些工具设备，如何折弯，尺寸才会符合要求呢？

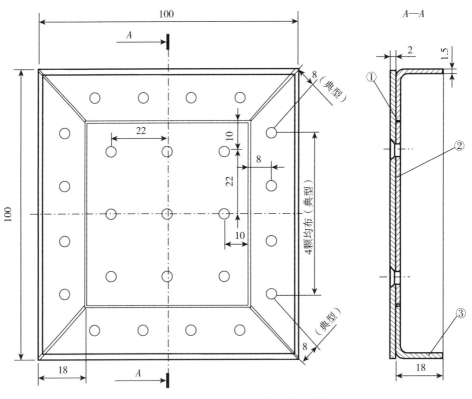

图 2-6-1　盒形零件——折弯训练任务

🔍 想一想

飞机上有很多部件需要进行折弯，折弯时会折不同的角度，90° 和非 90° 弯曲加工量应如何计算呢？怎样折弯质量才会符合要求呢？

前导知识

一、弯曲加工术语

熟悉板材弯曲时的术语对理解弯曲加工及在实际工作中的应用是十分必要的，如图 2-6-2 所示。

（1）宽边：弯曲成形后的较长边。

（2）弯边：弯曲成形后的较短边，如果两边长度相等，则均称为宽边。

（3）形线：宽边和弯边的外表面延长线，两条延长线的交点称为成形线交点。

（4）弯曲切线：板材的平直部分和弯曲部分的交线。

（5）弯曲半径：从板材的弯曲面内侧测量得到的曲率半径。

（6）基本长度：成形零件的外形尺寸，在图样上已给出，也可从原件上测量得到。

（7）收缩段：弯曲切线到成形线交点的距离。

（8）平面段：零件的平面或直线部分，不包括弯曲，等于基本长度减去收缩段。

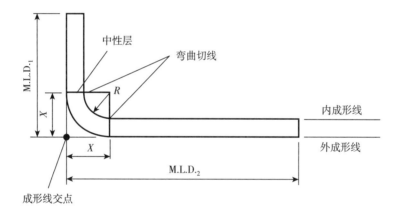

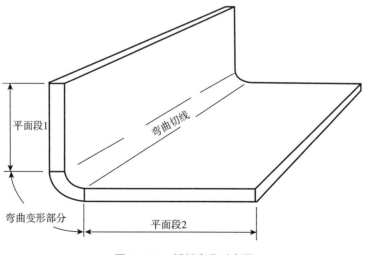

图 2-6-2　板材弯曲时术语

（9）中性面：弯曲金属板材时，在板的内侧曲面产生压缩力而在外侧曲面产生拉伸力，在内曲面和外曲面之间的某一曲面处，既没有压缩力也没有拉伸力，该面称为中性面，如图 2-6-3 所示。

（10）弯曲加工余量：成形零件弯曲部分弯曲加工所需材料的长度，即为弯曲中性面的长度。

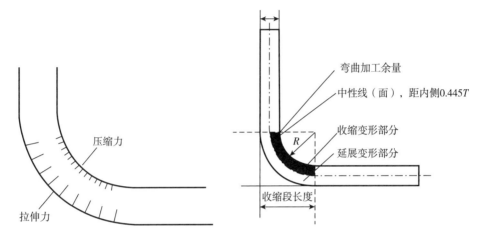

图 2-6-3　板材弯曲时的中性面

（11）准线：成形金属板上画出的标记，此线与成形机的圆角镶条头部对齐作为弯曲工作的指示。在弯曲之前一定要确定材料的哪一端可以很方便地插入弯板机，然后从插入端的弯曲切线测量等于弯曲半径的长度，即为准线，如图 2-6-4 所示。

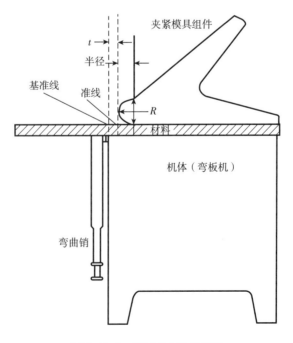

图 2-6-4　板材弯曲时的准线

二、板材直线弯曲计算

在板材弯曲成形时，要考虑板材的厚度、合金成分和热处理状态。总的来说，材料越薄，材料越软，越容易弯曲成形。

（一）弯曲半径

板材的弯曲半径从曲面内侧测量得到的为准。板材的最小弯曲半径是被弯曲材料不会产生撕裂破坏的弯曲半径。对于每种飞机金属板材而言，都有确定的最小弯曲半径。材料的厚度、合金成分和热处理状态都是影响最小弯曲半径的因素。退火板材的最小弯曲半径接近其厚度，不锈钢和 2024-T 铝合金的弯曲半径较大。飞机用典型铝合金板材的最小弯曲半径见表 2-6-1。

弯曲线与材料纤维方向的夹角，垂纹时 $R_{\min}$ 最小，顺纹时 $R_{\min}$ 最大，与纤维方向成 45° 时 $R_{\min}$ 介于前两者之间。

表 2-6-1　铝合金板材的最小弯曲半径

板材	厚度 /in							
	0.020	0.025	0.032	0.040	0.050	0.063	0.071	0.080
2024-O	1/32	1/16	1/16	1/16	1/16	3/32	1/8	1/8
2024-T4	1/16	1/16	3/32	3/32	1/8	5/32	7/32	1/4
5052-O	1/32	1/32	1/16	1/16	1/16	1/16	1/8	1/8
5052-H34	1/32	1/16	1/16	1/16	3/32	3/32	1/8	1/8
6061-O	1/32	1/32	1/32	1/16	1/16	1/16	3/32	3/32
6061-T4	1/32	1/32	1/32	1/16	1/16	3/32	5/32	5/32
6061-T6	1/16	1/16	1/16	3/32	3/32	1/8	3/16	3/16
7075-O	1/16	1/16	1/16	1/16	3/32	3/32	5/32	3/16
7075-W	3/32	1/32	1/8	5/32	3/16	1/4	9/32	5/16
7075-T6	1/8	1/8	1/8	3/16	1/4	5/16	3/8	7/16

（二）弯曲加工量

弯曲金属板材时，要计算弯曲加工量，弯曲加工量是弯曲加工所需板材的长度。弯曲加工量取决于以下 4 个因素，弯曲角度、弯曲半径、板材的厚度和金属种类。

弯曲金属板材时，弯曲段会变薄，如果从曲面内侧测量，则中性面位于 44.5% 板厚处（图 2-6-5），为计算方便，一般可以认为中性面位于 50% 板厚处。

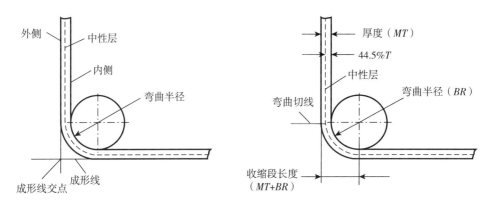

图 2-6-5　板材弯曲时的中性面

（1）90° 弯曲的弯曲加工量

弯曲半径（R）加上板材厚度的一半$\left(\dfrac{1}{2}T\right)$近似等于中性面的曲率半径。用中性面的曲率半径乘以 2π 可以计算出圆的周长

$$2\pi\left(R+\frac{1}{2}T\right) \tag{2-6-1}$$

因为 90° 的弯曲是圆周的 1/4，用周长除以 4 得出

$$\frac{2\pi\left(R+\dfrac{1}{2}T\right)}{4} \tag{2-6-2}$$

因而，90° 弯曲的弯曲加工量为

$$\frac{\pi\left(R+\dfrac{T}{2}\right)}{2} \tag{2-6-3}$$

例如，若板材半径为 1/4in，厚度为 0.051in，求 90° 弯曲的弯曲加工量。

$$90°弯曲的弯曲加工量=\frac{3.1416\times\left(0.250+\dfrac{1}{2}\times0.051\right)}{2}=0.4328\text{in}。$$

以上计算结果稍有误差，这是因为中性面并不是精确地位于被弯曲薄板的中心线，由于所选用的材料很薄，对于大多数加工来说，公式是符合要求的。

（2）非 90° 弯曲的弯曲加工量

当金属板材的弯曲角度不是 90° 或尺寸有严格要求时，可以通过手册中的经验公式或表格得出弯曲加工量。

对于 1° ~ 180° 任何角度的弯曲，使用下列公式可以获得精确的结果

$$弯曲加工量 = \left(0.01743\times R+0.0078\times T\right)\times A \tag{2-6-4}$$

式中：A——弯曲角度；

　　　R——弯曲半径，in；

T——板材厚度，in。

或者通过查表 2-6-2，得到对应 1° 的弯曲加工量，再乘弯曲角度，就得到相应弯曲加工量。在弯曲加工量表的每一方格内，上面的数字是 90° 弯曲的弯曲加工量，下面的数字是 1° 弯曲的弯曲加工量。

例如，当材料厚度为 0.051in，弯曲半径为 0.25in 时，查找 90° 的弯曲加工量。首先，横着看表的第一行，可找到弯曲半径为 0.25in 的那一列，然后顺着左端第一列的厚度找到 0.051in，两者交汇的方格内，上面的数字为 0.428，就是 90° 弯曲的弯曲加工量。

又如，在材料厚度为 0.051in，弯曲半径为 0.25in 时，查找 120° 的弯曲加工量。首先，横着看表的第一行，可找到弯曲半径为 0.25in 的那一列，然后顺着左端第一列的厚度找到 0.051in，两者交汇的方格内，下面的数字为 0.004756，120° 弯曲的弯曲加工量就是 120×0.004756=0.5707in。

（三）收缩段

在弯曲一块薄板时，有必要知道弯曲的始点和终点，以便确定平直部分的材料长度。确定这部分长度有两个重要因素：弯曲半径和材料厚度。

（1）90° 弯曲的收缩段

计算 90° 弯曲的收缩段长度，将弯曲内径加上板材的厚度即可，如图 2-6-6 所示

$$SB=R+T \tag{2-6-5}$$

例如，板材厚度为 0.051in，弯曲半径为 1/8（0.125）in，计算收缩段长度为

$$SB=R+T=0.125+0.051=0.176in \tag{2-6-6}$$

（2）非 90° 弯曲的收缩段

计算大于或小于 90° 的弯曲角度的收缩段长度时，如图 2-6-7 所示

$$\tan\frac{180-A}{2}=\frac{R+T}{SB} \tag{2-6-7}$$

$$SB=\tan\left(\frac{A}{2}\right)(R+T) \tag{2-6-8}$$

式中：A——金属板的弯曲角度。

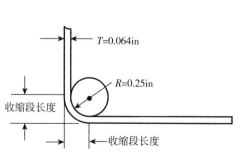

图 2-6-6　90° 弯曲的收缩段

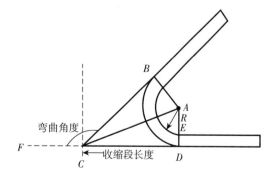

图 2-6-7　非 90° 弯曲的收缩段

设 $\tan\left(\dfrac{A}{2}\right)=K$，则收缩段长度为

$$SB=K（R+T）\tag{2-6-9}$$

参考标准的收缩段图表（表 2-6-3），将 K 代入上式，就可以得出非 90° 弯曲的收缩段长度。一定要在进行弯曲之前确定收缩段尺寸，因为收缩段用来决定弯曲切线的开始位置。

小任务：对图 2-6-8 折弯板件进行展开计算，求出所需板材的实际长度？板材厚度为 1mm，弯曲半径为 3mm。

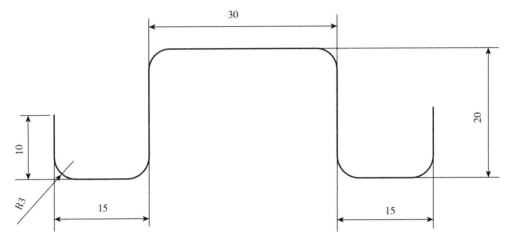

图 2-6-8　折弯板件

任务实施：

学习完弯曲加工量的计算和收缩段长度计算后，将计算过程及答案写在下方。

表 2-6-2 弯曲加工量

厚度 /in	弯曲半径 /in													
	1/32 (0.031)	1/16 (0.063)	3/32 (0.094)	1/8 (0.125)	5/32 (0.156)	3/16 (0.188)	7/32 (0.219)	1/4 (0.250)	9/32 (0.281)	5/16 (0.313)	11/32 (0.344)	3/8 (0.375)	7/16 (0.438)	1/2 (0.500)
0.020	0.062 0.000693	0.113 0.001251	0.161 0.001792	0.210 0.002333	0.259 0.002874	0.309 0.003433	0.358 0.003974	0.406 0.004515	0.455 0.005056	0.505 0.005614	0.554 0.006155	0.603 0.006695	0.702 0.007795	0.799 0.008877
0.025	0.066 0.000736	0.116 0.001294	0.165 0.001835	0.214 0.002376	0.263 0.002917	0.313 0.003476	0.362 0.004017	0.410 0.004558	0.459 0.005098	0.509 0.005657	0.558 0.006198	0.607 0.006739	0.705 0.007838	0.803 0.008920
0.028	0.068 0.000759	0.119 0.001318	0.167 0.001859	0.216 0.002400	0.265 0.002941	0.315 0.003499	0.364 0.004040	0.412 0.004581	0.461 0.005122	0.511 0.005680	0.560 0.006221	0.609 0.006762	0.708 0.007862	0.805 0.007852
0.032	0.071 0.000787	0.121 0.001345	0.170 0.001886	0.218 0.002427	0.267 0.002968	0.317 0.003526	0.366 0.004067	0.415 0.004608	0.463 0.005149	0.514 0.005708	0.562 0.006249	0.611 0.006789	0.710 0.007889	0.087 0.008971
0.038	0.075 0.000837	0.126 0.001396	0.174 0.001937	0.223 0.002478	0.272 0.003019	0.322 0.003577	0.371 0.004118	0.419 0.004659	0.468 0.005200	0.518 0.005758	0.567 0.006299	0.616 0.006840	0.715 0.007940	0.812 0.009021
0.040	0.077 0.000853	0.127 0.001411	0.176 0.001952	0.224 0.002493	0.273 0.003034	0.323 0.003593	0.372 0.004134	0.421 0.004675	0.469 0.005215	0.520 0.005774	0.568 0.006315	0.617 0.006586	0.716 0.007955	0.813 0.009037
0.051		0.134 0.001413	0.183 0.002034	0.232 0.002575	0.280 0.003116	0.331 0.003675	0.379 0.004215	0.428 0.004756	0.477 0.005297	0.527 0.005855	0.576 0.006397	0.624 0.006934	0.723 0.008037	0.821 0.009119
0.064		0.144 0.001595	0.192 0.002136	0.241 0.002676	0.290 0.003218	0.340 0.003776	0.389 0.004317	0.437 0.004858	0.486 0.005399	0.536 0.005957	0.585 0.006498	0.634 0.007039	0.732 0.008138	0.830 0.009220
0.072			0.198 0.002202	0.247 0.002743	0.296 0.003284	0.436 0.003842	0.394 0.004283	0.443 0.004924	0.492 0.005465	0.542 0.006023	0.591 0.006564	0.639 0.007105	0.738 0.008205	0.836 0.009287
0.078			0.202 0.002249	0.251 0.002790	0.300 0.003331	0.350 0.003889	0.399 0.004430	0.447 0.004963	0.496 0.005512	0.546 0.006070	0.595 0.006611	0.644 0.007152	0.745 0.008252	0.840 0.009333
0.081			0.204 0.002272	0.253 0.002813	0.302 0.003354	0.352 0.003912	0.401 0.004453	0.449 0.004969	0.498 0.005535	0.548 0.006094	0.598 0.006635	0.646 0.007176	0.745 0.008275	0.842 0.009357
0.091			0.212 0.002350	0.260 0.002891	0.309 0.003432	0.359 0.003990	0.408 0.004531	0.456 0.005072	0.505 0.005613	0.555 0.006172	0.604 0.006713	0.653 0.007254	0.752 0.008353	0.849 0.009435

模块二 钣金铆接基本技能训练

表2-6-2（续）

弯曲半径/in

厚度/in	1/32 （0.031）	1/16 （0.063）	3/32 （0.094）	1/8 （0.125）	5/32 （0.156）	3/16 （0.188）	7/32 （0.219）	1/4 （0.250）	9/32 （0.281）	5/16 （0.313）	11/32 （0.344）	3/8 （0.375）	7/16 （0.438）	1/2 （0.500）
0.094			0.214 0.002374	0.262 0.002914	0.311 0.003455	0.361 0.004014	0.410 0.004555	0.459 0.005096	0.507 0.005637	0.558 0.006195	0.606 0.006736	0.655 0.007277	0.754 0.008376	0.851 0.009458
0.102				0.268 0.002977	0.317 0.003518	0.367 0.004076	0.416 0.004617	0.464 0.005158	0.513 0.005699	0.563 0.006257	0.612 0.006798	0.661 0.007339	0.760 0.008439	0.857 0.009521
0.109				0.273 0.003031	0.321 0.003572	0.372 0.004131	0.420 0.004672	0.469 0.005213	0.518 0.005754	0.568 0.006312	0.617 0.006853	0.665 0.008394	0.764 0.008493	0.862 0.009575
0.125				0.284 0.003156	0.333 0.003697	0.383 0.004256	0.432 0.004797	0.480 0.005338	0.529 0.005678	0.579 0.006437	0.628 0.006978	0.677 0.007519	0.776 0.008618	0.873 0.009700
0.156					0.355 0.003939	0.405 0.004497	0.453 0.005038	0.502 0.005579	0.551 0.006120	0.601 0.006679				
0.188						0.417 0.004747	0.476 0.005288	0.525 0.005829	0.573 0.006370	0.624 0.006928	0.672 0.007469	0.721 0.008010	0.820 0.009109	0.917 0.010191
0.250								0.568 0.006313	0.617 0.006853	0.667 0.007412	0.716 0.007953	0.764 0.008494	0.863 0.009593	0.961 0.010675

表 2-6-3 收缩段表   in

A	K	A	K	A	K
1°	0.00873	35°	0.31530	69°	0.68728
2°	0.01745	36°	0.32492	70°	0.70021
3°	0.02618	37°	0.33459	71°	0.71329
4°	0.03492	38°	0.34433	72°	0.72654
5°	0.04366	39°	0.35412	73°	0.73996
6°	0.05241	40°	0.36397	74°	0.75355
7°	0.6116	41°	0.37388	75°	0.76733
8°	0.06993	42°	0.38386	76°	0.78128
9°	0.7870	43°	0.39391	77°	0.79543
10°	0.08749	44°	0.40403	78°	0.80978
11°	0.09629	45°	0.41421	79°	0.82434
12°	0.10510	46°	0.42447	80°	0.83910
13°	0.11393	47°	0.43481	81°	0.85408
14°	0.12278	48°	0.44523	82°	0.86929
15°	0.13165	49°	0.45573	83°	0.88472
16°	0.14054	50°	0.46631	84°	0.90040
17°	0.14945	51°	0.47697	85°	0.91633
18°	0.15838	52°	0.48773	86°	0.93251
19°	0.16734	53°	0.49858	87°	0.80978
20°	0.17633	54°	0.50952	88°	0.96569
21°	0.18534	55°	0.52057	89°	0.98270
22°	0.19438	56°	0.53171	90°	1.0000
23°	0.20345	57°	0.54295	91°	1.0176
24°	0.21256	58°	0.55431	92°	1.0355
25°	0.22169	59°	0.56577	93°	1.0538
26°	0.23087	60°	0.57735	94°	1.0724
27°	0.24008	61°	0.58904	95°	1.0913
28°	0.24933	62°	0.60086	96°	1.1106
29°	0.25862	63°	0.61280	97°	1.1303
30°	0.26795	64°	0.62487	98°	1.1504
31°	0.27732	65°	0.63707	99°	1.1708
32°	0.28674	66°	0.64941	100°	1.1917
33°	0.29621	67°	0.66188	101°	1.2131
34°	0.30573	68°	0.67451	102°	1.2349

表 2-6-3（续） in

A	K	A	K	A	K
103°	1.2575	129°	2.0965	155°	4.5107
104°	1.2799	130°	2.1445	156°	4.7046
105°	1.3032	131°	2.1943	157°	4.9151
106°	1.3270	132°	2.2460	158°	5.1455
107°	1.3514	133°	2.2998	159°	5.3995
108°	1.3764	134°	2.3558	160°	5.6713
109°	1.4019	135°	2.4142	161°	5.9758
110°	1.4281	136°	2.4751	162°	6.3137
111°	1.4550	137°	2.5386	163°	6.6911
112°	1.4826	138°	2.6051	164°	7.1154
113°	1.5108	139°	2.6746	165°	7.5957
114°	1.5399	140°	2.7475	166°	8.1443
115°	1.5697	141°	2.8239	167°	8.7769
116°	1.6003	142°	2.9042	168°	9.5144
117°	1.6318	143°	2.9887	169°	10.385
118°	1.6643	144°	30.777	170°	11.430
119°	1.6977	145°	3.1716	171°	12.706
120°	1.7320	146°	3.2708	172°	14.301
121°	1.7675	147°	3.3759	173°	16.350
122°	1.8040	148°	3.4874	174°	19.081
123°	1.8418	149°	3.6059	175°	22.904
124°	1.8807	150°	3.7320	176°	26.636
125°	1.9210	151°	3.8667	177°	38.188
126°	1.9626	152°	4.0108	178°	57.290
127°	2.0057	153°	4.1653	179°	114.590
128°	2.0503	154°	4.3315	180°	∞

三、弯曲加工实例

（一）直线弯曲加工平面图形

如图 2-6-9 所示，槽形件的平面展开图，槽的左边高为 2.00in，右边高为 2.00in，两平面外表面之间距离为 2.00in，槽形件的长度为 4.0in，材料厚度为 0.032in，弯曲半径是 0.125in，弯曲角度为 90°。

计算如下：

收缩段长度 $=R+T=0.125+0.032=0.157\text{in}$；

平直部分 A =2.000–0.157=1.843in；

平直部分 B =2.000–（0.157+0.157）=2.000–0.314=1.686in；

平直部分 C =2.000–0.157=1.843in；

90°的弯曲加工量 =0.218in（查表）。

所以，弯制槽形材所需板材长度为 1.843+1.686+1.843+2×0.218=5.808in。

零件的基本尺寸之和为 6in，而计算得出的实际下料长度为 5.808in，减少了约 0.2in，表明了收缩段长度和弯曲加工量对材料长度的影响。当所有尺寸都计算好以后，切割材料，并标出弯曲切线和准线，以备弯曲。

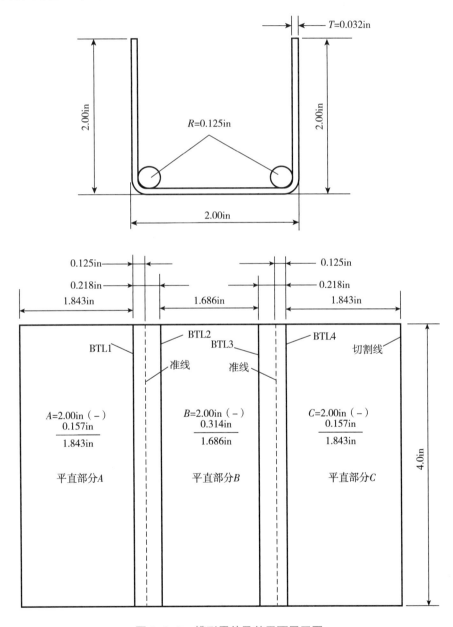

图 2–6–9　槽形零件及其平面展开图

（二）盒形零件的弯曲成形

盒形件的成形涉及两个曲面的相交问题，应采用钻减压孔的方法防止材料变形甚至开裂。只要两个曲面相交，一定要在交点上钻孔，去除部分材料，为边缘的金属留出空间，这些孔称为减压孔。减压孔的目的是防止弯曲时产生变形，导致金属开裂，同时也提供了整齐的弯曲。

减压孔的尺寸随板材的厚度而变化，最常用的方法是减压孔的直径等于板材的弯曲半径。

当板材厚度为 0.072 ～ 0.128in 时，减压孔的直径一般选为 3/16in；当板材厚度小于或等于 0.064in 时，其孔径不得小于最小允许值（1/8in）。减压孔的中心应位于内弯曲切线的交点处，为了减小弯曲时可能出现的误差，允许减压孔的中心位于内弯曲切线内 1/32 ～ 1/16 处。

现通过一个例子来说明盒形件成形的计算和弯曲。如图 2-6-10 所示，一个 2024-T3 铝合金 90° 盒形件，尺寸要求为：四边高均为 1in，底面边长为 4in × 4in，板厚为 0.051in，弯曲半径为 5/32in。

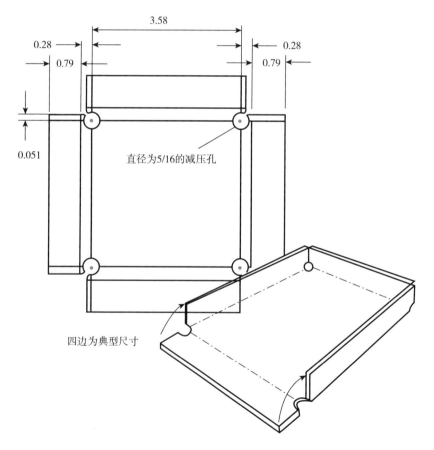

图 2-6-10　盒形件成形的计算和弯曲

计算如下：

收缩段长度 $SB=R+T=0.051+5/32=0.207$in；

四边平直部分的长度 = 边高 − 收缩段长度 = $1.000-0.207=0.793$in；

底面平直部分的长度 = 底面边长 -2 倍收缩段 = $4-2 \times 0.207=3.586$in；

查表得 $90°$ 的弯曲加工量为 0.280in；

则下料尺寸为 $0.793+0.280+3.586+0.280+0.793=5.732$in。

切割一块 5.732in $\times 5.732$in 的 2024–T3 铝合金，去除所有毛刺，从四边分别测量 0.793in 并划线（此线为外弯曲切线），注意一定要使用尖的蜡笔，以保证划线准确且不损伤铝合金表面。现在从外弯曲切线向内测量 0.280in（此数值为弯曲加工量），划出内弯曲切线。在内弯曲切线的 4 个交点处，以弯曲半径 $5/32$in 为直径钻减压孔。

从外弯曲切线向内移一个弯曲半径（$5/32$in），划出准线。去除四角准线外的材料，并去除所有毛刺。至此弯曲前的所有工作都完成了。

弯曲步骤

弯曲时应考虑材料的厚度、合金成分以及热处理状态。对铝合金板材来说其纹路也是很重要的因素，应尽可能沿垂直于纹路的方向进行弯曲，防止裂纹的产生。

进行实际弯曲的步骤如下：

（1）计算展开长度并下料、划线（注意板材纹路，需要逆着纹路弯曲）；

（2）若需要则加工减压孔；

（3）将板材去毛刺；

（4）检查使用模具是否正确（模具弯曲半径 R）；

（5）弯曲样品，检查角度和尺寸，校对公差。如果角度弯过，不可以向回弯，不可以进行反复弯曲。

⚙ 任务实施

折弯实操训练任务实施练习：根据工单工作任务要求，完成铆接折弯操作练习。按照航空维修标准和工具管理规范，确保所有项目都完成，没有遗漏，工作过程正确。签署工卡时按照航空机务工作工卡签署"九字方针"——"看一项、做一项、签一项"进行。

	实习工作单		适用课程类型		
			飞机维修类		
实习项目		盒形件折弯铆接训练			
工具/设备		铅笔、钢直尺、气钻、去毛刺工具、锯弓、锉刀、划规、铆枪			
消耗材料		铝板、锯条、麻花钻、锪窝钻、铆钉			
工序	工作任务描述			学员	教员
1	**安全要求/注意事项** （1）防止铝板边缘毛刺划伤手； （2）钻孔、锪窝操作时必须佩戴护目镜； （3）钻孔、锪窝过程中应佩戴耳塞； （4）钻孔过程中，严禁嘴吹铝屑； （5）铆接过程中，铆枪头严禁对人				
2	**工作准备** （1）清点工具、量具、设备； （2）检查并确定给定的铝板尺寸分别为 102mm×102mm×2mm、66mm×66mm×1.5mm、105mm×38mm×1.5mm				
3	**工作流程** （1）根据图样要求，确定零件的 A、B 基准面，并做好标记； （2）锉削基准面 A 和 B，保证 $A \perp B$； （3）用钢直尺和铅笔对照图样在底板上进行划线操作，在要钻孔的部位做好标记； （4）在气钻上装 $\phi2.6$ 钻头，在底板钻孔部位进行钻孔操作； （5）将小面板折弯，并锯削、锉削到图样尺寸； （6）将正方形面板锉削到图样尺寸； （7）将所有零件组合到一起，并修锉调整零件间隙； （8）换 $\phi4.1$ 钻头对 $\phi2.6$ 的孔进行扩孔操作； （9）换用锪孔钻从底板一侧对所有 HB 6316 的孔进行锪窝操作； （10）用去毛刺铰刀对底板、面板孔进行去毛刺操作； （11）换用铆枪和顶铁，对铆钉孔进行铆接操作； （12）锉削外轮廓尺寸及圆弧				
4	**测试/检查** （1）铝板表面平整、没有划痕及毛刺； （2）铝板外轮廓尺寸符合要求； （3）零件外轮廓圆弧尺寸符合要求； （4）铆钉间距、边距符合要求； （5）铆钉无损伤、镦头高度、直径符合要求； （6）蒙皮表面无划伤				
5	**工作结束** （1）清洁工具、量具，清点工具、量具； （2）清洁工作现场				

工作单类型		完工日期	完工签署	第1页，共2页
□基础培训	☑技能培训			

（续）

附图如下，单位为 mm：

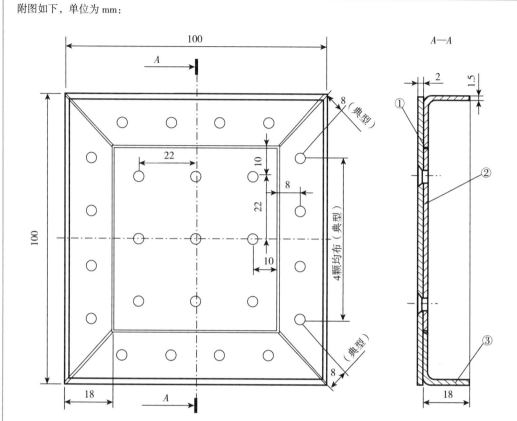

技术要求：

1. 试板尺寸公差 ±0.5mm，四角垂直度 90° +30″；

2. 铆钉间距公差 ±0.5mm，孔位边距公差 ±0.4mm；

3. 锐角去毛刺 <0.2mm；

4. 工件夹层缝隙 <0.3mm；

5. 对缝间隙 0.2~0.8mm，局部对缝阶差 ±0.3mm；

6. 铆接后工件表面平整度 <0.4mm；

7. 铆钉头在零件①侧，HB 6316 铆钉头凹凸量为 0~0.05mm；

8. 零件表面不允许打磨修复；

9. ③号件为钣弯件

工作单类型		完工日期	完工签署	第2页，共2页
□基础培训	☑技能培训			

📖 **评价与反馈**

　学生对自己完成任务做自我评价，完成下表。

班级:			姓名:		学号:	
序号	考核要求		配分	工量具	评分标准	得分
	项目	公差				
1	整体外形尺寸	±0.5	7	游标卡尺	每超差一处扣1分（至少测量4处、超出1mm每处2分）	
2	四角垂直度	±30′	4	直角尺	每超差一处扣1分	
3	四角圆弧 R	$R5±0.5$	4	半径规	每超差一处扣1分	
4	零件无毛刺、锐边倒圆、光滑尖角		5	目视	每超差一处扣1分（大于10mm算一处）	
5	制孔质量		2	目视	孔是否圆滑，椭圆孔扣除3分	
6	对缝处局部阶差	±0.3	2	钢直尺、塞尺	每超差一处扣1分（大于0.5mm不得分）	
7	工件对缝间隙（0.6）	0.2/0.8	10	塞尺	每超差一处扣1分，直线距离大于10mm算一处，间隙小于0.1mm和间隙大于1mm时，则超一处扣2分	
8	铆钉孔间距	±0.5	6	钢直尺	每超差一处扣1分（每孔位算一处）	
9	铆钉孔边距	±0.5	6	钢直尺	每超差一处扣1分（每孔位算一处）	
10	锪窝质量		2	目测	窝壁是否光滑、圆滑不满足扣3分	
11	埋头铆钉头凸出量	0~0.1	15	铆钉卡板	每超差一处扣1分	
12	铆钉头损伤及镦头损伤	±0.1	5	目测	每超差一处扣1分	
13	铆钉镦头成形质量	技术规范	15	铆钉卡板	每超差一处扣1分	
14	夹层间隙	0.1	2	塞尺	每超差一处扣1分	
15	铆接后工件表面不平度	±0.5	5	钢直尺	每一处扣1分（大于1mm不得分）	
16	工件表面轻微机械损伤	0~0.1	6	目测	每超差一处扣1分（大于10mm算一处，<0.1，>1mm每处2分）	
17	零件2/3弧度尺寸控制	±0.5	4	塞尺	每超差一处扣2分	
18	外观				不符合图样一处、与报废零件一项扣5分；孔未去毛刺一处扣2分；零件未完成酌情扣2~5分	
19	安全文明生产				酌情扣1~5分，严重者扣10分	
20	合计					

思考与练习

一、单选题

1. 90° 弯曲加工量是（　　　）。

A. 1/4 个圆周长　　　　　　　　B. 半径加上板厚的一半

C. 半径加上板厚的一半的圆周长的 1/4

2. 90° 收缩段长度为（　　　　）。

A. 半径　　　　　　　B. 板厚　　　　　　C. 半径加板厚　　　　　　D.1/4 个圆周长

二、判断题

1. 板材的弯曲半径从曲面内侧测量得到的为准。（　　　）

2. 板材的最小弯曲半径是被弯曲材料不会产生撕裂破坏的弯曲半径。（　　　）

3. 飞机上的金属板材，有的有最小弯曲半径，有的则没有最小弯曲半径。（　　　）

4. 材料越薄，材料越软，越容易弯曲成形。（　　　）

三、问答题

1. 什么是弯曲加工量？

2. 什么是准线，准线有什么作用？

3. 90° 弯曲加工量如何计算？

模块三　密封铆接

知识目标

◎掌握密封铆接工艺流程。

◎了解密封形式。

◎掌握密封剂的硫化和保护方法。

◎掌握不同部位密封试验的检查方法。

能力目标

◎能够描述出密封铆接工艺流程。

◎能够正确对涂覆密封剂的表面进行清洗。

◎能够对飞机不同密封部位不同的密封材料进行正确铺放。

◎能够对密封件进行正确铆接。

◎能够发现密封铆接故障，并正确更换铆钉。

◎能够采用不同密封形式对不同部位进行密封涂胶。

◎能够正确进行密封剂的硫化操作。

◎能够根据不同部位进行不同的密封检查。

◎能按要求归还工具，并进行工具清点，恢复场地。

素质目标

◎通过我国飞机的发展史及钣金铆接岗位的重要性描述，建立航空报国、爱岗敬业的工作态度。

◎通过工具的正确使用及航空安全案例，建立安全意识。

◎通过技能操作过程，培养学生精益求精、严谨负责、质量就是一切的工匠精神。

◎通过对工具、设备的维护和场地卫生整理，使学生具备劳动意识、劳动技能等劳动品质。

◎通过对模拟蒙皮的制作，树立团队协作、良好沟通意识。

项目　密封铆接

任务引入

　　飞机上对某些部位要求有较高的密封性，才能满足飞行要求或满足乘坐人员安全舒适要求，比如说：气密座舱、客舱、整体油箱等。气密座舱和整体油箱的结构密封性要求是不同的。对于座舱，由于飞机在高空飞行，气压随着高度的增加而降低，为了保证乘坐人员在舒适的环境下工作、生活，舱体就必须密封，座舱内就必须有一定的气压。由于飞机经常处于高空、高速、高温、严寒、雨中等恶劣环境中飞行，密封要求比较高。密封铆接结构应能承受一定的内外压差，气密座舱在保证一定余压的条件下允许有轻微的渗漏发生，但是漏气量必须符合设计上的规定。对于整体油箱而言，整体油箱属于绝对级密封，其密封部位不允许有任何轻微的渗漏现象。密封铆接是飞机铆接工的一项重要技术，而对于专门从事密封铆接的铆接工来说，它也是一项必须掌握的基本技能。某教师为了训练学生密封铆接操作技能，设置了如图 3-1-1 所示的训练任务，需要在零件上进行密封铆接操作，那么如何对该零件进行密封铆接施工呢？

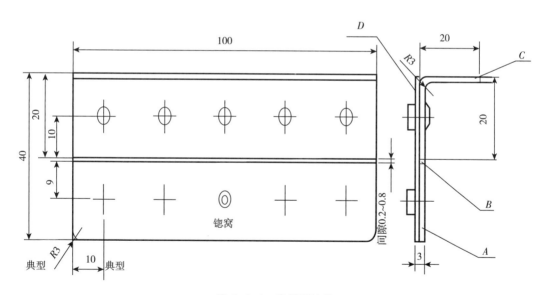

图 3-1-1　密封训练件

想一想

　　密封铆接与普通铆接有什么不一样？飞机上的座舱和油箱都需要密封，分别应采用哪些形式？密封铆接材料应如何铺放？密封铆接完成后有哪些方法可以检查密封性？

📠 前导知识

一、密封铆接要求

（一）环境要求

（1）施工的环境温度控制在15～30℃范围内，空气相对湿度应保持在40%～80%范围内。

（2）工作间应清洁，通风应良好。

（3）所用的压缩空气应经过过滤处理，不含油、水和其他杂质。

（二）安全要求

（1）施工人员施工前做好劳动保护，应戴口罩，防止吸入有毒气体。

（2）施工人员应戴手套接触有机溶剂、密封剂。黏在皮肤上的密封剂，应及时擦掉并用水冲洗。有机溶剂及有害物质溅入眼、口腔时，应立即用水冲洗。

（3）施工现场附近应备有肥皂、去污粉及洗涤设施。

（4）施工现场应严禁烟火，必须配备干粉灭火器、灭火砂箱等消防器具。

（5）浸有机溶剂的废弃抹布和密封剂，必须分别投入专用容器中。

（三）人员要求

（1）从事密封铆接的工作人员必须经过培训，并取得上岗操作合格证。

（2）施工人员的工作服、手套、胶套及使用的工具，不准有油脂、纤维附着。

（3）施工人员在表面涂覆密封剂的结构处操作时，在其工作服上不准有硬质纽扣和金属裸露物，防止刮伤产品。

二、密封铆接工艺流程

密封铆接技术的目的是堵塞气、油、水渗漏的路径，与普通铆接相比是一项技术要求高、施工难度大、环境控制严格、各工序较为繁琐和细致的工作。在铆接过程中，严格按有关技术文件和相关标准程序工作，是确保结构密封的重要环节。

密封铆接典型工艺过程：预装配→制孔和锪窝→分解去毛刺→清洗→涂刷增黏底涂→铺放密封材料→恢复装配→放钉→施铆→硫化。

（一）预装配

通常在装配型架中进行。把参与装配的零件、组合件按装配图或数模和装配指令在型架上定位，同时进行必要的修配。

（1）零件与零件之间配合应协调，贴合面应平整，其间隙不大于0.5mm，当工艺固定后其间隙不大于0.2mm。

（2）凡需涂覆缝内密封材料的铆缝、零件贴合面之间应垫以同密封材料厚度相等的铝垫片，以确保孔位的协调性，当密封材料的厚度不影响孔位（如平面密封铆缝、沉头窝深度小于蒙皮厚度）时允许不加垫片。

（3）按装配指令要求修配好零件余量。

（4）用足够的穿心夹或工艺螺钉将零件夹紧和固定。夹紧间距根据零件的刚度和装配的协调性确定。

①当零件厚度为5~10mm时，间距为80~120mm。

②当零件厚度在10mm以上时，间距为220~250mm。

③曲面零件或带气动外缘的零件一般间距为80~100mm。

（二）制孔和锪窝

所有铆钉以及所有连接件的孔均制至终孔，同时根据图样或产品要求制出所有沉头窝。用于定位的孔，允许在缝内涂覆密封剂后再进行扩孔和锪窝，但孔的间距不小于300mm。

（三）分解、去毛刺

（1）按与装配相反的顺序分解所有参加预装配的零件、组合件，依次摆放整齐，对难以辨别的零件，依装配关系可做出一定的标记，以免在装配时装错。

（2）清除零件夹层中的金属屑和杂物。

（3）清除所有孔边缘和零件端面的毛刺，并按规定要求制倒角或倒圆。孔边缘倒角的深度一般在 0.02 ~ 0.2mm 为宜。

（4）清除镁合金零件的孔边毛刺时应采用非金属刮板，以免划伤孔窝的表面。

（四）清洗

（1）清洗要求

①涂覆密封剂的表面的清洗一般使用汽油、丙酮清洗剂。在危险区可使用不燃性清洗剂，铺设密封腻子且涂有环氧锌黄底漆 HO6-2 或环氧树脂胶 XY-401 的表面，只允许用汽油清洗。

②清洗宽度应大于涂密封剂的宽度，在两侧各宽出 10mm 以上。

③涂覆密封剂前的最后清洗，除铺设密封腻子且涂有环氧锌黄底漆 HO6-2 或环氧树脂胶 XY-401 的表面外，均用浸有丙酮的抹布重复更换、擦拭，直至最后一块白细布上无可见的污色（允许有底漆的本色）为止。最后一遍清洗距涂覆密封剂的时间，应不大于 1h，不小于 20min。每次清洗的紧固件，要在一天内使用。

④清洗干净的表面禁止与不干净的东西接触，不允许手接触或用笔做标志，存放环境应清洁。

（2）清洗方法

①从溶液瓶内倒出清洗剂润湿抹布，如图 3-1-2 所示。

②用湿抹布清洗结构表面时，只能顺一个方向擦拭，如图 3-1-3 所示，同时，用干抹布沿一个方向擦去已溶解污物的清洗剂。不允许清洗剂在结构表面自然干涸。每擦洗一遍应更换一块新的抹布。不允许在结构表面喷洒、刷涂清洗剂，否则会造成溢流，致使油污溶解后广为扩散并渗透到缝隙内。

③对于油污过多的表面，应先用抹布擦拭，然后用汽油润湿的抹布清洗。

④对要密封的孔洞、下陷和小空间部位，应用合适直径的去污布条清洗，如图 3-1-4 所示。

图 3-1-2　用清洗剂润湿抹布　　图 3-1-3　用抹布擦拭密封贴合面　　图 3-1-4　下陷处擦拭

⑤铆钉，螺钉等小件的脱脂清洗，系用清洗剂浸泡的方法并要求将清洗剂更换 1~2 次，浸泡用的容器必须加盖。

（五）涂增黏底涂

在涂覆密封剂前需要在产品表面涂刷增黏底涂。涂刷要求如下：

（1）待涂刷增黏底涂的零件表面应清洗净，并晾置10～15min，若不是立即施工增黏底涂，则应将零件保护，防止污染。

（2）用镊子夹脱脂棉（或用画笔、毛刷）蘸取少许增黏底涂溶液，从零件表面一端起连续涂刷1～2遍，第1遍涂刷15min后方可涂刷第2遍，待最后一遍涂刷后在空气中置15min后涂密封胶。若不是立即施工密封，则应遮盖保护，防止污染。如果超过2h，必须用汽油清洗，重新涂刷。

（3）涂刷增黏底涂的尺寸应宽出涂刷密封剂涂覆部位10～15mm，并应是连续的，薄薄的一层，且不得漏涂，如果使用遮蔽胶带，应先贴胶带后清洗，胶带应宽出密封区域1～3mm，增黏底涂相应宽出1～3mm。

（六）铺放密封材料

密封材料种类较多，按产品功能和密封部位（如气密座舱、整体油箱）不同所选用的密封材料和密封形式不尽相同。

（七）恢复装配

将分解的零件重新按预装配的位置用穿心夹、工艺螺栓等固定。根据产品结构形式和装配件的协调性来选择穿心夹、工艺螺栓的数量，结构简单协调性好的装配件可少选一些。穿心夹、工艺螺栓间距一般按150～200mm为宜。

（八）放钉

（1）放铆钉前，首先清洗所需的连接件。

（2）用穿针通过铆钉孔找正零件位置，不允许零件来回移动，将所有零件重新组装并夹紧。

（3）缝内敷设密封带的铆钉孔，在铆钉放入前应使用穿针从铆钉放入方向刺穿密封带，再插入铆钉。其中要求：

①穿针表面要抛光，其直径与铆钉直径相同；

②允许穿针蘸水穿铆钉孔，当穿针穿过铆钉孔黏上腻子时，应使用蘸丙酮的抹布将腻子擦净再拔出。

（4）缝内涂覆密封胶时，可将铆钉直接插入孔内，并擦去铆钉杆端头上的胶，以保证铆钉镦头的成型质量。

（九）施铆

（1）在施铆前应插入部分铆钉，检查零件定位的正确性。

（2）施铆操作要求：

①先轻轻点铆，再在靠近铆钉杆的零件表面上轻击，消除零件夹层间的间隙。

②应断续施铆，不允许铆枪连击，以防止镦头产生裂纹。

③经常擦拭顶铁和铆卡，清除黏在其上的胶和腻子。

（3）工艺固定用铆钉孔处的最后铆接，要保证孔内有胶（涂胶铆接）。如果没有胶，则应涂胶铆接。

（4）在铆接过程中不允许钻孔。

（5）铆接工作必须在密封胶的施工期内完成。若超过施工期，则要更换新胶。

（6）清理铆缝：

①清除多余的密封带、胶膜、腻子和密封胶。

②挤出的胶，如在施工期内可用刮刀按缝外涂胶要求制成倒角，并将多余的胶去掉。

③将蒙皮表面和非边缘处的余胶擦净。

（十）硫化

（1）密封剂的硫化过程，是从混合配制后开始的，除非由于工序衔接上的需要，一般应在室温条件下自然硫化，不需要采取加速措施。

（2）加速硫化必须在密封剂不粘期后按各密封剂硫化规范进行。未规定的一般加速硫化温度不应超过 50℃，处理时间为 24h。加速硫化方法包括：

①提高环境（包括结构上）温度；

②用湿热空气在结构内部环流；

③用红外线加热结构和涂胶表面；

④综合使用以上方法。

（3）由于工艺需要，涂覆密封剂的结构件必须在高于 50℃的温度中处理时，如有机玻璃的回火，可以提高处理温度，但不得超过密封剂的工作温度。

（4）结构上一部分密封剂加温硫化后，另一部分密封剂又需加温硫化时，允许重复加温硫化，重复次数以不超过密封剂使用工艺说明书规定次数为限。

（十一）铆接故障排除

对有一般缺陷的铆钉，尽量采用紧钉的方法排除。若必须更换铆钉时，应在密封剂硫化后进行。重新铆接时应在铆钉杆上涂密封胶。

三、密封形式

（一）缝内密封

（1）贴合面涂胶法

用刮刀、硬板刷、涂胶棍或齿形刮板、齿形刮棒等，将胶液密封剂涂在贴合面尺寸较小的零件一侧，或刮在刚性较大的零件的贴合面上。刮涂时应顺着一个方向，禁止来回刮抹，以免因卷入气泡而形成空洞。在下陷、转角、空洞等处的密封剂，可适当加厚。

（2）贴合面铺胶膜法

将胶膜顺一个方向铺在刚性较大的零件的贴合面上，当胶膜长度、宽度不够时应将胶膜剪齐后搭接，胶膜有气泡、空眼、局部不合格时应去除重新铺膜。铺设胶膜时，不允许拉伸折叠，胶膜应平整。

（3）贴合面铺密封带方法

将密封带铺在刚性较大的零件贴合面上，若铺放密封带后立即铆接装配，则应将密封带从垫布上取下后再铺放。否则，应将密封带随垫布一起铺放，临铆接装配之前取下垫布。

（4）沟槽注胶方法

注胶顺序应沿一个方向。由第二孔开始注射密封胶，待第一孔见胶时，堵住该孔，继续注胶直至第三孔见胶，抽出注胶枪嘴，用螺钉封闭第二孔，继续由第三孔注射密封胶直到第四孔见胶，封闭第三孔，以此类推，一直到全部沟槽注射完毕为止。

（5）结构下陷处的注胶方法

将注胶枪嘴插进注胶孔，一次连续完成注射密封胶，即当孔道出口见胶时，先将出口堵住，以提高孔内腔的注胶压力，使密封胶渗透到腔内细小的缝隙中，直到完全充满内腔并向外多渗出 2~3mm 为止，用整形工具剔除多余的密封胶并整形，如图 3-1-5 所示。

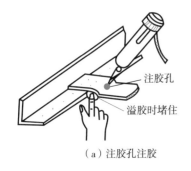

（a）注胶孔注胶　　　（b）用下陷空隙作注胶孔的注胶　　　（c）整形

图 3-1-5　结构下陷处注胶示意图

（二）缝外密封

（1）用注胶枪涂覆缝外密封剂的要点，主要包括以下方面：

①枪嘴应对准缝隙并使之基本垂直于注胶线路。枪嘴的移动速度应使挤出的密封剂的用量同缝外密封最后尺寸相适合，如图 3-1-6（a）所示。

②枪嘴应紧贴结构表面，不准悬空，如图 3-1-6（b）所示。

③注胶时应始终保证挤出的密封剂超前于枪嘴移动方向，使密封剂向缝隙内有一定挤压力，并使可能裹入的空气自动爆裂，如图 3-1-6（c）所示。

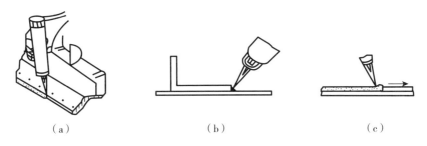

（a）　　　　　　　　（b）　　　　　　　　（c）

图 3-1-6　用注胶枪涂覆缝外密封剂示意图

（2）尺寸较大的缝外密封，应分两次进行，待第一道缝外密封整形并达到不黏期（施工期）后再涂第二道。仰面涂胶或垂直面涂胶时，密封剂的涂覆量应适当，避免过量造成流淌或变形。

（3）缝外涂覆的密封剂应在活性期内用整形工具整形，整形时工具应紧压结构表面并沿缝隙均匀、平行地移动，使最终成形的缝外密封剂光滑、流线、尺寸正确。不允许使用任何润滑的方法整形，整形时应随时注意用清洗剂湿润的纱布擦除粘污在工具上的密封剂，如图 3-1-7 所示。

（4）对接缝、气动整流缝、不易保证密封胶涂覆尺寸的密封缝，在规定的胶缝两侧边缘贴隔离保护胶纸，如图 3-1-8 所示。涂胶刮平后将胶纸揭掉，铲除多余的密封胶。

（a）整形中　　　　（b）整形后

图 3-1-7　缝外密封剂整形示意图　　　　图 3-1-8　保护胶纸的粘贴

（5）对可拆的缝外密封（如地板座椅轨道缝等）应在涂覆密封剂以前，在缝底部埋设细尼龙线，并将线头露在缝外密封剂的外面，以便拆除时撕开缝外密封剂，如图 3-1-9 所示。

（6）空洞、嵌缝的堆胶，大的空洞和间隙的密封，应配制流淌性小的密封剂。深的空隙应在涂密封剂之前，先填充软质填料（如铝棉、海绵橡胶）或用密封剂浸渍后填充。

（7）缝外密封完成以后，应在活性期内检查涂覆质量，对缺陷、气泡或有异物夹杂的部位，及时补胶或排除。必要时允许部分铲除并重新涂覆。

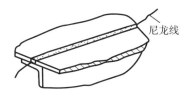

尼龙线

图 3-1-9　可拆缝外密封密封剂涂覆示意图

（三）表面密封

（1）结构上已涂缝外密封剂和紧固件密封剂的表面在清洗前，密封剂应达到硫化期。

（2）表面密封用密封剂，使用的稀释剂不应使已涂覆的胶层产生龟裂、起皱和脱落。

（3）刷涂密封剂时，应逐渐依次在表面上进行，不允许大面积拉开涂胶，其余的按紧固件头部刷涂密封剂的要求进行。

（4）喷涂密封剂时使用喷枪，喷枪嘴距结构表面 80 ~ 100mm，倾角 70° ~ 80°，移动速度约 1.2m/min。喷涂的密封剂应均匀、连续。

（5）灌涂密封剂时，密封剂灌入结构容积的 10% ~ 15%，封闭灌胶口，在专用摇摆架上晃动或翻转结构，使容积内所有表面浸涂一层密封剂，保持 10 ~ 20min，倾倒出剩余的密封剂，通入干净无油的热空气（不高于 50℃），吹除溶剂。

（四）紧固件密封

在铆钉、螺栓等紧固件上附加密封材料或紧固件本身密封，以达到堵住紧固件与零件之间缝隙泄漏的目的，这叫紧固件的湿安装。在紧固件上附加密封材料密封效果好，但施工复杂。紧固件本身密封是指干涉配合铆接，能提高结构密封性的原因在于它的铆钉杆与钉孔之间比较均匀的过盈配合，消除了钉杆与钉孔之间的环形缝隙。

【TIPS】

密封剂涂覆后的注意事项

（1）在未达到不黏期的密封剂上方，不准进行钻孔、铰孔等操作。当难以避免时，应用聚乙烯薄膜覆盖密封剂。该保护膜的拆除，只能在密封剂不黏期以后进行。

（2）严禁滥用溶剂和清洗剂，不准在未硫化的密封剂上使用溶剂。在硫化的密封剂上涂覆含溶剂的涂料时，必须确认所含溶剂对底层密封剂无损害方可使用。

（3）不准踩踏和重压已硫化的密封剂，受空间限制必须在涂覆密封剂的部位上操作时，应用海绵橡胶板或棉垫覆盖，工作人员应穿软底工作鞋和无扣衣服。来回踩踏区和停留区还应事先将金属屑、污物等用吸尘器清理干净。

四、密封检查

飞机结构经过密封装配和密封工作完成后，按设计要求，需通过各种试验进行密封检查。飞机密封检查包括气密舱密封检查、整体油箱密封检查、水密结构密封检查。

（一）气密舱密封检查

（1）抗压试验

抗压试验的目的在于检验结构的抗压强度。

试验前的准备：

①检查试验设备工作状态是否正常。

②用工艺堵盖封闭气密舱上的工艺孔或系统通孔。

③关闭舱盖，锁闭牢靠，并套上防护网。

试验：

①按一定的压力和充压速度向密封带充气，密封气密舱。

②打开试验设备上气源开关，向舱内充气，一般压力为最大工作压力的1.3~1.5倍，保压1~10min，此时检查气密舱结构有无变形或其他异常现象，并做记录。

③按规定的降压速度或时间逐渐地卸掉舱内压力。

④排除故障后不再做试验。

（2）气密性试验

抗压试验完成后，方可进行气密性试验，其目的在于检查气密舱的密封性，并查找渗漏的部位。

试验前的准备：准备工作与抗压试验相同，防护网允许不罩。

试验（以降压时间测量法为例）：

①按一定的压力和充压速度向密封带充气，密封气密舱。

②按规定的充气压力和充压速度向舱内充气，当舱内余压达到规定值，且稳定1~2min后，关闭向舱内充气的开关。

③察看舱内压力下降情况及所需时间。当压降时间满足设计要求时，气密性试验合格，否则应进一步查找漏源，排除后再重做试验直至合格为止。

（3）气密性试验安全要求

①操作者正确穿戴好连体工作服、工作鞋等劳动防护用品。

②检查所用气瓶是否在有效期内，防倾倒措施是否有效，瓶阀、瓶帽、防振圈是否完好齐全。

③检查并确认试验设备，如图3-1-10（a）所示，在定检期内，有允许使用的合格证。

④用定力扳手拧紧螺栓，连接气密试验器及机上相关管路，确保连接安全可靠，如图3-1-10（b）~（d）所示。

⑤试验过程中，试验人员不得离开，应精力集中，随时观察设备有无异常情况。

⑥严禁在充气过程中分离管路。

（a）气密试验车

（b）气密试验车与导管相连

（c）对油管进行封堵

（d）对气密管进行封堵

图 3-1-10　试验设备

（二）整体油箱密封检查

（1）气密性试验

整体油箱的气密性试验目的在于检查油箱的气密性，以判断能否对油箱进行油密试验。

试验前的准备：

①整体油箱装配全部完工，密封剂已完全硫化，油箱内表面擦洗干净。

②用工艺堵盖堵塞所有系统或工艺通孔。

③在油箱外表面的孔、铆钉、螺栓、对缝等渗漏可疑处涂上中性肥皂水。

充气检测试验方法：

①接通试验设备，按产品技术要求规定的压力向油箱内充气。

②当余压达到规定值后，关闭充气开关。

③若持续一定时间后，其压力不变，则认定气密性试验合格，否则应查找漏源，排除故障重新试验，直至合格为止。

（2）无压油密试验

目的在于检查油箱承受油压的油密封性。

方法：在油箱外表面涂白垩水并冻干，然后向油箱内注满煤油，停放一定时间，检查渗油、漏油情况，当白垩粉有显湿现象发生，则表示此处有渗漏。否则判定为合格。

若有渗漏故障应排除，排除后需重做气密性试验和无压油密试验。

（3）充压油密试验

目的在于检查油箱在使用状态下的密封性。

方法：无压油密试验合格后，放掉20%的煤油（即油箱内载入80%的煤油），接通试验设备，向油箱内充气，当压力达到一定值时，保持一定时间，检查有无渗漏现象。若有渗漏应排除故障，并重做气密、无压油密和有压油密试验，直到合格为止。

【 TIPS 】

油密试验注意事项

①油密作业时操作人员正确穿戴纯棉工作服、防油防静电工作鞋、防护眼镜、耐油手套等劳动防护用品。进入工作场所前触摸导除静电装置，开启通风装置。

②油密作业时作业人员需检查并确认受试油箱可靠接地。

③油密作业时作业人员检查并确认吊车吊钩无损伤、钢索完好，油路管道连接紧固。

④油密作业时作业人员检查并确认工作梯等辅助用具的防火花垫齐全、完好，机翼推车和工作梯的防移动装置齐全、完好，并固定好防移动装置。

⑤油密作业时加、放油过程中如发现漏油，必须立即停止工作，清理现场漏油，排除故障后方可继续试验。

⑥油密作业工作完毕后，关闭油箱清洗机，废油用容器盛装后倒入废油回收车，按危险废物处置要求进行处置。

（4）振动试验

振动试验的目的在于检查油箱振动对其密封性的影响。试验在气密、油密试验后进行。具体试验方法如下：

①用工艺堵盖堵住油箱工艺孔、系统孔，将油箱安装在振动试验台上。

②向油箱内注入煤油，按产品规定的振幅、振动频率、振动时间分级加载进行振动。

③涂白垩粉检查渗漏情况，如有渗漏，应予以排除，并按上述各种试验方法重复各项有关试验。

（三）水密结构试验

淋雨试验：淋雨试验的目的在于检查有水密要求的部位（如舱门、窗口、特设舱口盖）的水密程度。试验在人工降雨模拟装置的专门场地上进行，具体方法如下。

试验前的准备工作：

①拆除怕潮的装置和怕湿的结构，不便拆除的用防水布加以保护。

②检查漏水的工作人员进入座舱，关闭所有门窗，安装所有口盖。

③座舱内按设计技术条件增压。

试验：

①按规定的淋雨时间和水流速度，向需做淋雨试验的部位喷水。

②目视检查有无漏水现象和排漏水系统是否通畅。

③淋雨时允许用密封腻子堵漏，淋雨后用规定的密封材料排故。

④排故后还需重做淋雨试验，直至合格为止。试验结束后用棉纱或抹布擦拭飞机表面并清理可打开部位的积水。

五、密封结构渗漏的排除

（一）渗漏原因

结构密封性能与选用的密封剂、所设计的结构形式、结构的刚度、密封缝隙的尺寸大小和形状以及施工方法有密切关系。

在施工中应尽量减小接缝的宽度，例如，适当增加结合面的紧固力或提高被连接件的平整度，控制钉与孔间的配合公差等。还有下述不正确的施工方法也将造成渗漏。

（1）密封面清洗不彻底，如表面残存蜡、油脂、灰尘、杂物、金属屑等。

（2）密封面准备不正确，如底漆黏结不良，阳极氧化层陈化。

（3）密封剂调制不当或储存超期，密封性能下降和施工不佳等造成密封失效。

（4）实施密封工序的操作不正确，致使密封层有空穴、针眼、间隙或虚涂、分层等。

（5）紧固件松动引起密封剂脱胶、开裂。

（6）密封剂在沟槽或下陷处未充满，通道内留有空间，造成无效密封。

（7）密封剂未按规定保护，造成压伤变形、刺穿、磨胶、剥落等引起渗漏。

（二）渗漏排除方法

（1）渗漏排除的一般要求

①对任何渗漏应分析渗漏原因，查找漏源。

②修理用的密封剂必须同旧密封剂相容。

③铲除失效密封层时，不应损伤结构。结构表面的氧化膜损伤时，应用冷氧化液处理后再进行密封。

（2）缝内密封渗漏的修理要点

渗漏范围不大，在贴合面密封可能渗漏的位置，增加铺设缝外密封胶，使损坏的贴合面密封层与密封介质隔离，如图3-1-11所示。

排除缝内密封较大渗漏故障，需分解已密封的结构，清洗贴合面，重新密封。分解的方法和步骤如下：

①清除缝外密封胶。用刀将原密封剂切至距零件表面约3mm。用浸泡过脱胶剂的白布或脱脂棉覆盖在密封胶上，待胶起皱后将其清除。

②分解紧固件。其中，分解铆钉时可钻掉铆钉头，冲出钉杆。分解螺栓时，应先拧

下螺母，用脱胶剂溶解螺栓孔和结合面上的密封剂，打出螺栓。

③用刮刀分解零件。

④用脱胶剂将所用的密封胶清除干净，允许结合面上有密封剂的斑点状痕迹。

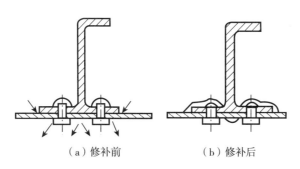

（a）修补前　　　　　　　　（b）修补后

图 3-1-11　轻微渗漏的修补

采用注射 XM34 密封腻子的沟槽密封形式的油箱进行补漏修理时，可在载油情况下，用装有新 XM34 腻子的高压注射枪直接注射，将泄漏的那段沟槽内的旧 XM34 腻子从沟槽中挤出，油箱即可使用。

结构下陷处的渗漏，可用钩状铁丝或小的切割工具，清除旧密封剂，将残胶清理干净，然后重新注射密封剂。

（3）缝外密封渗漏的修理要点

①对尺寸不够的缝外密封剂的表面应进行清洗，补涂密封剂并重新整形。

②局部密封不良的部位，如果密封层黏结良好，可以只进行局部切割清除，然后补涂密封剂，并将其与原密封剂搭接处加以整形。

③如果密封层的黏结不良，未粘在密封面上，则用锋利的塑料或硬木工具清除密封不良的密封剂，直到露出结构金属表面，两端的密封剂应切成斜面，涂覆密封剂使新旧密封剂连续搭接，整形应光滑，避免截面突然改变，如图 3-1-12 所示。

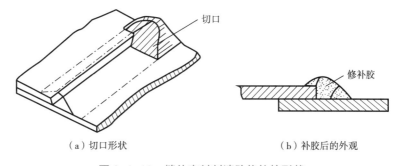

（a）切口形状　　　　　　　　（b）补胶后的外观

图 3-1-12　缝外密封剂清除修补的形状

（4）紧固件密封修理要点

不严重渗漏进行修理时，可以使用专用压胶工具，由结构外侧钉孔周围注射密封剂，密封渗漏途径。压注工具可采用铆压注胶式或螺旋注胶式。具体方法如下：

①铆压注胶式排漏方法。用浸有清洗剂的纱布清除钉周围的漆层，清洁注胶结构

表面。用 A 类密封剂加满压胶工具内腔，将其活塞冲杆端部插入铆枪。将压胶工具上的 O 形密封圈罩住漏钉，保证工具始终垂直于结构表面，压紧后用铆枪锤铆活塞冲杆，连续压注几分钟，如图 3-1-13 所示。

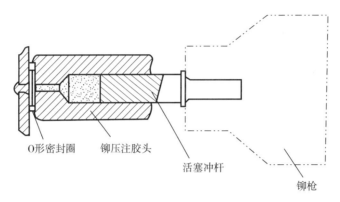

　　　O形密封圈　　铆压注胶头

　　　　　　　　　活塞冲杆

　　　　　　　　　　　　　铆枪

图 3-1-13　铆压注胶示意图

　　②螺旋注胶式排漏方法。用清洗剂润湿的纱布清除漏钉周围的漆层，清洁表面和注胶工具底座表面。用棉球棍浸快速冷固化胶液并薄涂在底座接合面上，然后以漏钉为中心将注胶工具底座压在结构表面上，经数十秒钟后松手，等胶液固化，如图 3-1-14 所示。

　　将注胶工具放气口螺钉拧松到只剩一扣即可取下的位置，由加胶口注入较稀的密封剂，直到放气口溢出密封剂为止，如图 3-1-15 所示。

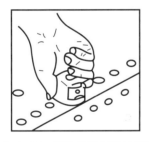 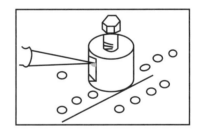

图 3-1-14　螺旋注胶工具的安装　　　　图 3-1-15　向压胶工具注密封剂

　　拧紧注胶口和放气口螺钉，以规定力矩拧紧压力螺栓，并保持 5min，如图 3-1-16 所示。

　　用木锤轻敲底座的侧面，取下注胶工具，如图 3-1-17 所示，清除漏钉周围多余的密封剂。

　　紧固件端头注胶密封渗漏应清除包裹紧固件的密封剂层，使紧固件与结构金属表面完全露出（粘牢在紧固件上少量密封剂可不除去），重新密封。

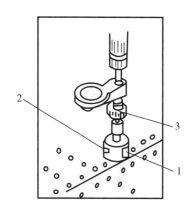

图 3-1-16　螺栓注胶示意图

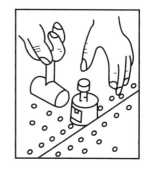

图 3-1-17　取下注胶工具

1—加胶口；2—放气口；3—定力拧紧工具

密封罩密封渗漏应用切割工具切开罩盖下部及周边，与结构完全分离，用钳子取下密封罩，切除紧固件上剩余密封剂，重新密封。

（5）注射排漏法

当结合零件的剩余强度较大，漏源清楚而且集中部位少时，可采用注射排漏法。方法如下：

①在渗漏部位钻孔。

②清洗后往孔内注射密封胶。

六、密封铆接常见的缺陷及排除方法

表 3-1-1　密封铆接常见的缺陷及排除方法

序号	缺陷内容	缺陷图示	缺陷产生原因	排除方法
1	定位压紧后胶液被挤出而贫胶或漏胶		1. 胶液太稀； 2. 定位压紧力过大	1. 松开附近定位销； 2. 将零件轻轻撬开间隙，进行压注； 3. 重新固定，一般压紧力 2MPa
2	铆钉在组合工件之间锻粗，结合件产生间隙		1. 两工件间隙过大； 2. 铆接时压紧力小或涂胶层过厚	1. 分解铆钉，清理钉孔； 2. 扩孔加大一级铆钉； 3. 加力压紧； 4. 铆钉粘胶铆接
3	沉头铆钉头有间隙	间隙	1. 沉头窝角度过大； 2. 沉头窝锪深； 3. 铆钉直径选错	1. 分解铆钉； 2. 扩孔加大一级铆钉； 3. 铆钉粘胶铆接

表 3-1-1（续）

序号	缺陷内容	缺陷图示	缺陷产生原因	排除方法
4	缝外密封局部有缺口	局部缺口	1. 涂胶未涂到； 2. 未按规程涂胶	1. 用力切掉缺陷部分； 2. 清理干净； 3. 清洗； 4. 补胶：补胶面要大于切削面，并与原胶搭接
5	呈现针状砂眼	针状砂眼	1. 胶液过浓； 2. 涂胶方法不当	排除方法同上
6	胶缝产生气泡	气泡	涂胶速度过快或往复刮涂	排除方法同上
7	缝外涂胶尺寸过小	涂胶尺寸过小	未按技术条件要求涂胶	按涂胶前清洗方法洗净涂胶缝表面，然后补胶

⚙ 任务实施

密封铆接实操训练任务实施练习：根据工单工作任务要求，完成密封铆接操作练习。按照航空维修标准和工具管理规范，确保所有项目都完成，没有遗漏，工作过程正确。签署工卡时按照航空机务工作工卡签署"九字方针"——"看一项、做一项、签一项"进行。

实习工作单		适用课程类型		
		飞机维修类		
实习项目	密封铆接训练			
工具/设备	铅笔、钢直尺、气钻、去毛刺工具、锯弓、锉刀、铆枪、注胶枪			
消耗材料	铝板、锯条、麻花钻、锪窝钻、铆钉、密封剂、增黏底涂			
工序	工作任务描述		学员	教员
1	**安全要求/注意事项** （1）防止铝板边缘毛刺划伤手； （2）钻孔、锪窝操作时必须佩戴护目镜； （3）钻孔、锪窝过程中应佩戴耳塞； （4）钻孔过程中，严禁嘴吹铝屑； （5）铆接过程中，铆枪头严禁对人			
	工作单类型	完工日期	完工签署	第1页，共3页
	□基础培训　☑技能培训			

（续）

工序	工作任务描述	学员	教员
2	**工作准备** （1）清点工具、量具、设备； （2）检查并确定给定的铝板尺寸		
3	**工作流程** （1）根据图样要求，确定零件的 A、B 基准面，并做好标记； （2）锉削基准面 A 和 B，保证 A ⊥ B； （3）用钢直尺和铅笔对照图样在底板上进行划线操作，在要钻孔的部位做好标记； （4）在气钻上装 ϕ2.6 钻头，在底板钻孔部位进行钻孔操作； （5）换 ϕ4.1 钻头对 ϕ2.6 的孔进行扩孔操作； （6）换用锪孔钻从底板一侧对所有 HB 6316 的孔进行锪窝操作； （7）用去毛刺铰刀对底板、面板孔进行去毛刺操作； （8）对所有材料进行分解清洗； （9）工件 C/D 之间，A/D 之间采用缝内密封方式进行密封涂胶； （10）缝隙 B 采用缝外涂胶密封方式； （11）所有铆钉采用紧固件密封方式； （12）换用铆枪和顶铁，对铆钉孔进行铆接操作； （13）清理零件		
4	**测试／检查** （1）铝板表面平整、没有划痕及毛刺； （2）铝板外轮廓尺寸符合要求； （3）零件外轮廓圆弧尺寸符合要求； （4）铆钉间距、边距符合要求； （5）铆钉无损伤、镦头高度、直径符合要求； （6）蒙皮表面无划伤； （7）密封处质量符合要求		
5	**工作结束** （1）清洁工具、量具，清点工具、量具； （2）清洁工作现场		

附图如下，单位为 mm：

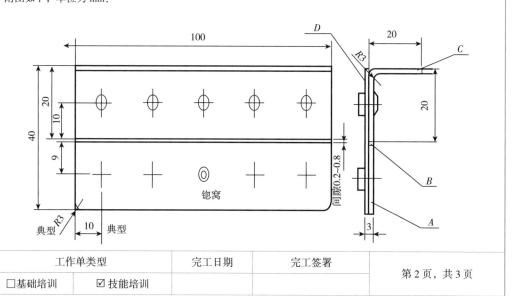

工作单类型		完工日期	完工签署	第2页，共3页
□基础培训	☑技能培训			

（续）

技术要求：
1. 试板尺寸公差 ±0.5mm，四角垂直度 90° +30″；
2. 铆钉间距公差 ±0.5mm，孔位边距公差 ±0.4mm；
3. 锐角去毛刺 <0.2mm；
4. 工件夹层缝隙 <0.3mm；
5. 对缝间隙0.2～0.8mm，局部对缝阶差 ±0.3mm；
6. 铆接后工件表面平整度 <0.4mm；
7. 零件表面不允许打磨修复

工作单类型		完工日期	完工签署	第 3 页，共 3 页
□基础培训	☑技能培训			

评价与反馈

学生对自己完成任务做自我评价，完成下表。

	班级：		姓名：		学号：	

序号	考核要求		配分	工量具	评分标准	得分
	项目	公差				
1	整体外形尺寸	±0.5	7	游标卡尺	每超差一处扣1分（至少测量4处、超出1mm每处2分）	
2	四角垂直度	±30′	4	直角尺	每超差一处扣1分	
3	四角圆弧 R	R5±0.5	4	半径规	每超差一处扣1分	
4	零件无毛刺、锐边倒圆、光滑尖角		4	目视	每超差一处扣1分（大于10mm算一处）	
5	制孔质量		2	目视	孔是否圆滑，椭圆孔扣除3分	
6	对缝处局部阶差	±0.3	2	钢直尺、塞尺	每超差一处扣1分（大于0.5mm不得分）	
7	工件对缝间隙（0.6）	0.2/0.8	4	塞尺	每超差一处扣1分，直线距离大于10mm算一处，间隙小于0.1mm和间隙大于1mm时，则超差一处扣2分	
8	铆钉孔间距	±0.5	6	钢直尺	每超差一处扣1分（每孔位算一处）	
9	铆钉孔边距	±0.5	6	钢直尺	每超差一处扣1分（每孔位算一处）	
10	锪窝质量		2	目测	窝壁是否光滑、圆滑不满足扣3分	
11	埋头铆钉头凸出量	0~0.1	5	铆钉卡板	每超差一处扣1分	
12	铆钉头损伤及镦头损伤	±0.1	5	目测	每超差一处扣1分	
13	铆钉镦头成形质量	技术规范	5	铆钉卡板	每超差一处扣1分	

（续）

序号	考核要求		配分	工量具	评分标准	得分
	项目	公差				
14	夹层间隙	0.1	2	塞尺	每超差一处扣1分	
15	铆接后工件表面不平度	±0.5	5	钢直尺	每一处扣1分（大于1mm不得分）	
16	工件表面轻微机械损伤	0~0.1	6	目测	每超差一处扣1分，直线距离大于10mm算一处，间隙小于0.1mm和间隙大于1mm时，则超差一处扣2分	
17	零件2/3弧度尺寸控制	±0.5	4	塞尺	每超差一处扣2分	
18	缝内密封		9	目测	涂胶质量一处不符合要求扣3分	
19	缝外密封		9	目测	涂胶质量一处不符合要求扣3分	
20	紧固件密封		9	目测	涂胶质量一处不符合要求扣3分	
21	外观				不符合图样一处、与报废零件一项5分；孔未去毛刺一处扣2分；零件未完成酌情2~5	
22	安全文明生产				酌情扣1~5分，严重者扣10分	
23	合计					

思考与练习

一、判断题

1. 密封铆接的钻孔、锪窝应在涂完密封胶之后进行。（   ）

2. 紧固件密封有涂胶密封和不涂胶密封。（   ）

3. 胶条内有气泡时，应将胶条铲除，重新进行涂胶密封。（   ）

4. 密封做完后应进行气密试验或水密试验。（   ）

二、问答题

1. 描述密封铆接的工艺流程是什么？

2. 描述密封铆接故障的排除方法是什么？

3. 结构件密封形式有哪几种？

4. 结构件渗漏的主要原因是什么？

模块四 高锁螺栓安装

知识目标

◎掌握高锁螺栓制孔方法。

◎掌握高锁螺栓制倒角方法。

◎掌握高锁螺栓制孔质量检查方法。

◎掌握高锁螺栓安装方法。

◎掌握高锁螺栓安装质量检查方法。

能力目标

◎能够根据高锁螺栓规格及制孔等级选择制孔刀具。

◎能够正确进行铰孔操作，并且孔质量符合要求。

◎能够对照图样对高锁螺栓进行安装，并检查质量是否符合要求。

◎高锁螺栓安装不符合要求时，能够正确分析原因，并提出解决措施。

◎高锁螺栓制孔出现偏差时，能够提出解决方法。

◎能按要求归还工具，并进行工具清点，恢复场地。

素质目标

◎通过我国飞机的发展史及钣金铆接岗位的重要性描述，建立航空报国、爱岗敬业的工作态度。

◎通过工具的正确使用及航空安全案例，建立安全意识。

◎通过技能操作过程，培养学生精益求精、严谨负责、质量就是一切的工匠精神。

◎通过对工具、设备的维护和场地卫生整理，使学生具备劳动意识、劳动技能等劳动品质。

◎通过对模拟蒙皮的制作，树立团队协作、良好沟通意识。

项目 高锁螺栓安装

📝 任务引入

高锁螺栓具有密封性好、强度高、可靠性好，在现代飞机内部及表面结构大量使用，高锁螺栓的安装是飞机铆装工必须掌握的一项重要技能。某教师为了训练学生高锁螺栓安装操作技能，设置了如图 4-1-1 所示的训练任务，需要在零件上进行高锁螺栓安装操作，那么应该如何进行高锁螺栓安装施工呢？

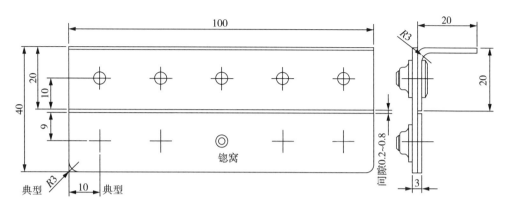

图 4-1-1 高锁螺栓安装训练件

🔍 **想一想**

高锁螺栓制孔和普通铆接制孔有什么区别？如果制孔的时候检查发现孔径偏大，是产品直接报废还是进行修正？如果要修正，应该采取什么方法呢？

📖 **前导知识**

一、高锁螺栓牌号与孔径级别

（1）高锁紧固件的牌号形式（单位：in），如图 4-1-2 所示；

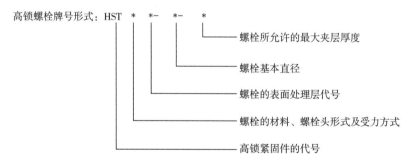

（a）高锁螺栓牌号

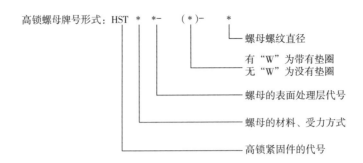

（b）高锁螺母牌号

图 4-1-2　高锁螺栓、螺母牌号

（2）绝对干涉量——螺栓光杆直径尺寸与孔径尺寸的差值；

（3）孔径的级别，孔径分三个级别：

1 级为干涉配合（孔径 < 螺栓光杆直径）；

2 级为过渡配合（孔径 ≈ 螺栓光杆直径）；

3 级为间隙配合（孔径 > 螺栓光杆直径）。

二、高锁螺栓安装前制孔

高锁螺栓安装首先要进行钻孔，如果需要该处结构强度更高时，还需要对孔进行冷挤压，然后根据装配大纲或典规对孔进行精加工，进行铰孔操作，铰孔完成后如果该处安装沉头高锁，则进行锪窝操作，如果安装平头高锁，则进行倒角操作，再检查制孔质量，孔质量符合要求后就可以进行高锁螺栓安装操作，最后检查安装质量，如图 4-1-3 所示。

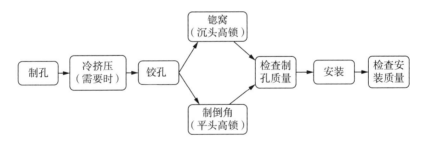

图 4-1-3　高锁螺栓安装步骤

（一）制孔

（1）安装孔位的确定和检查

①孔位确定：按图样（技术条件）规定的定位尺寸及公差要求在骨架零（组）件上划线确定孔位；

②检验：按图样（技术条件）规定的孔位尺寸及公差检查孔位划线正确性。

（2）制孔

①制孔：按所确定的且经检验合格的孔位用钻头在骨架零（组）件上钻孔；

②按图样规定的紧固件规格和按图样或技术文件规定的配合关系（干涉配合、过渡

配合、间隙配合），确定制孔直径（机身一般采用干涉配合），如图样及技术文件无规定配合关系，则按间隙配合；

③按图样或技术文件确定制孔方法（常规、冷挤压），如图样及技术文件无规定制孔要求，则按常规制孔；

④制孔时，孔轴线应垂直于该处螺栓头支承面，用钻模或垂直定位器或相应辅助工具保持垂直度 ±2° 内；

⑤除非图样有规定，禁止冲孔；

⑥制孔时应逐一安装工艺螺栓或相应定位工艺销钉，100% 的孔都必须安装工艺紧固件；

⑦安装高锁螺栓的孔必须 100% 检查（逐一拆下工艺紧固件，检查后立即重新装上）；

⑧检验：检查孔钻制的正确性。

（二）铰孔

铰孔是为了提高孔的表面质量及尺寸精度，根据制孔的精度等级（1 级、2 级、3 级）和材料来选择铰刀，一般选用表 4-1-1 中的铰刀进行铰孔操作。铰孔时一般采用低转速，并且配合固体润滑剂使用，固体润滑剂有润滑刀具和冷却刀具的作用，能够使孔壁更光滑、尺寸更精确。铰孔完成后使用塞规进行检查，通端应能完全插入，止端不能插入 1/3 以上。使用垂直度检查销检查孔的垂直度，孔垂直度不超过 2°。高锁螺栓标准孔径见表 4-1-1。

表 4-1-1 高锁螺栓标准孔径表   in

高锁螺栓规格	螺栓基本直径	直径（min/max）		
		1 级	2 级	3 级
5 号	5/32	0.1590/0.1601	0.161/0.164	0.1635/0.1655
6 号	3/16	0.1850/0.1861	0.187/0.190	0.1895/0.1915
8 号	1/4	0.2450/0.2461	0.247/0.250	0.2495/0.2515

以 6 号高锁螺栓制孔为例，说明高锁制孔工具选择要求。见表 4-1-2。

表 4-1-2 高锁螺栓制孔工具选择表

6 号高锁螺栓制孔（1 级孔）工具						
钻孔	麻花钻	φ4.2				
铰孔	一般铰刀	刀具长度	被加工材料	初铰	初铰	初铰	终铰
		80mm 手用铰刀	铝件	J-336	J-337	J-338	J-339
		80mm 手用铰刀	30CrMnSiNi2A	J-127	J-128	J-129	J-877
		70mm 手用铰刀	PH13-8Mo				J-878

表 4-1-2（续）

6 号高锁螺栓制孔（1 级孔）工具						
锪窝	锪窝钻	刀具长度	被加工材料	锪窝钻角度	锪窝钻（胶窝）	
		50mm/45mm	铝件	J-161	J-134	
检查	塞规	J-264				

【TIPS】

注： 胶窝只用于图样上规定螺栓需涂胶装配部位，胶窝深度应符合图样规定要求。

小任务 1：张三需要在飞机上安装一颗 6 号的高锁螺栓，该处材料为铝件，图样和技术文件都未告知张三高锁螺栓和孔的配合关系，请问张三应采用什么配合关系来进行制孔？可以选择的终铰刀牌号是什么？孔的极限尺寸分别是多少？铰孔完成后，张三应如何检查孔径大小是否符合要求？

任务实施：

学习完高锁螺栓制孔和铰孔方法后，将答案写在下方。

┈┈┈

┈┈┈

┈┈┈

（三）锪窝

安装沉头型高锁螺栓时，需要对工件进行锪窝操作，锪窝钻选择应根据图样和材料以及加工孔径大小来进行，工具选择表见表 4-1-2。锪窝只针对沉头高锁螺栓安装，在飞机上安装高锁螺栓时，应先在试验件上锪窝合格后，方可在飞机上进行锪窝操作。孔如果有冷挤压要求，应在冷挤压完成后再进行锪窝操作。

小任务 2：张三需要在飞机上安装一颗 6 号的沉头高锁螺栓，该处材料为铝件，该处结构强度要求较高，需要对孔进行冷挤压，那么请你告诉张三，是应该在冷挤压前锪窝还是锪窝完成后再冷挤压？张三选择锪窝钻时有哪些需要注意的地方？张三选择好锪窝钻后，可以一边在飞机上锪窝，一边调节锪窝深度吗？为什么？

任务实施：

学习完高锁螺栓锪窝方法后，将答案写在下方。

┈┈┈

┈┈┈

┈┈┈

（四）倒角

除产品图样规定外，在结构件上安装高锁螺栓时，在螺栓头一侧应制出倒角 A，用

100° 锪窝钻制成一切口，也可以用相应 R 铣刀倒圆，如图 4-1-4 所示，倒角的尺寸大小见表 4-1-3；如结构厚度小于 0.04in（约 1.02mm），不得直接在产品上制倒角，应按图样规定，在产品上加上过渡垫圈。

除产品图样规定外，在沉头窝与直孔交接处倒圆 R 或用相应 50° 倒角钻倒角。

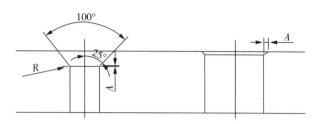

图 4-1-4　高锁螺栓倒角

表 4-1-3　高锁螺栓倒角尺寸
in

高锁螺栓	基本直径	A	R
5 号	5/32	0.015~0.025	0.030~0.035
6 号	3/16		
8 号	1/4		

　　小任务 3：张三需要在飞机上安装 6 号高锁螺栓，张三安装的是平头高锁螺栓，请问张三需要对孔进行倒角吗？如果需要，倒角应在孔的哪一侧？倒角的大小有什么要求？

　　任务实施：

　　学习完高锁螺栓倒角方法后，将答案写在下方。

（五）制孔检查

检查制孔质量：

（1）按图样检查孔位、制孔是否符合图样要求；

（2）目视检查孔和窝的表面粗糙度应符合图样规定；

（3）用孔垂直度销检查孔的垂直度。检查销适用于不受结构限制且平面相对较好的部位，对于结构空间较小，检查工具无法使用，外形弧度较高导致检查测量的偏差较大的部位不使用此方法。垂直度检查销的选择和使用方法见表 4-1-4。

表 4-1-4　高锁螺栓孔垂直度检查销

高锁螺栓规格 ＼ 孔径级别	1 级孔	3 级孔
5 号	IG2	T1
6 号	IG3	T2
8 号	IG4	T3

（4）选用同等精度等级的塞规（铰孔表中所列塞规）检查孔径；窝径量规（编号为100-1/100-2）或相应的螺检查锪窝质量（仅用于沉头高锁螺栓）。

【TIPS】

注： 使用垂直度检查销时，需将检查销靠孔壁的一边，检查销头部（直径最大处）与产品平面的最大间隙允许 1mm（即孔的垂直度不超过 2°）。

（六）孔的缺陷分析及解决方法

（1）塞规通端无法进入孔内，刀具和塞规选用正确情况下，可能孔未铰或最后一刀未铰，只需要重新铰孔即可。

（2）止端进入孔壁内超过止端总长度 1/3 以上时，处理方案如下：

① 5 号孔—直接加大为 6 号孔—由工艺划改 AO 的相关工序制孔数量和标件清单—不需办理超差单。

② 对于 6 号以上的孔—加大一级合格时—由工艺划改 AO 中的制孔数量、划改标件清单—不需办理超差单。

③ 加大一级不合格时—须加大两级、三级或跨号加大—应先上报，由检验提出故障单—走完故障处理流程—按故障处理单的加大方案进行处理—不可先加大后处理。

（3）单向间隙大于 0.03mm，垂直度大于 +0.5° 时，加大一级螺栓纠正。

（4）当制的高锁螺栓孔出现划伤等缺陷，或拆卸高锁螺栓时孔损伤，或变形、超差，允许选用加大高锁螺栓进行补偿。确认需加大的高锁螺栓孔，加大一级（1/64" 约0.4mm），若加大一级尚不能消除以上缺陷时需加大二级（1/32 " 约 0.8mm）。加大孔时按照第二点进行处理。

小任务 4：张三需要在飞机上安装 6 号高锁螺栓，张三铰孔完成后，用塞规检查，发现塞规止端可以进入孔内，请问张三这个时候应该怎么做？

任务实施：

学习完高锁螺栓孔的缺陷分析和解决方法后，将答案写在下方。

小任务 5：张三需要在飞机上安装 5 号高锁螺栓，张三铰孔完成后，用垂直度检查

销，发现钻孔垂直度超差，请问张三这个时候应该怎么做？

任务实施：

学习完高锁螺栓孔的缺陷分析和解决方法后，将答案写在下方。

三、高锁螺栓的安装

（一）高锁螺栓长度选择

（1）消除结构间隙和考虑涂胶厚度的影响；

（2）用夹层厚度尺测量被连接件处材料的总厚度，确定适合长度的高锁螺栓，高锁螺栓的光杆长度应等于或大于夹层厚度一个厚度尺寸；

（3）与产品图样核对，若超出图样长度范围，允许选配长度加大一级的同牌号螺栓，以满足规定的外伸量，如图 4-1-5 所示。外伸量尺寸见表 4-1-5。

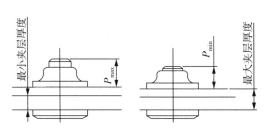

图 4-1-5　高锁螺栓外伸量示意图

表 4-1-5　高锁螺栓安装完成后螺栓外伸量　　　　　　　　　　　　in

高锁螺栓	螺栓基本直径	外伸量	
		P_{min}	P_{max}
5 号	5/32	0.270	0.352
6 号	3/16	0.275	0.367
8 号	1/4	0.305	0.395

小任务 6： 张三需要在飞机上安装 6 号高锁螺栓，张三随机挑选了一颗 6 号高锁螺栓，从孔中穿过，发现螺栓外伸量为 0.4in，请问张三这个时候应该怎么做？螺栓光杆长度过长和过短对高锁螺栓的安装有什么影响？

任务实施：

学习完高锁螺栓孔的长度选择方法后，将答案写在下方。

（二）螺栓的安装

将螺栓放入孔中，对于过渡配合及干涉配合螺栓，必须将螺栓打入孔内，直到钉头紧贴结构表面，可用胶木榔头轻敲或使用轻型铆枪（中间垫胶木衬块）打入孔内，用胶木垫块或顶铁支承在结构另一面，以防止在螺栓打入时引起结构损伤或变形，打入螺栓时应特别注意保持垂直度以免螺栓的螺纹部分擦伤孔壁。如图样规定有湿装配要求，在孔内（含沉头窝）和螺栓杆上涂密封胶（或涂漆），在规定的活性期内安装螺栓。

（三）螺母的安装

将螺母拧入螺栓，至少拧入一圈，将六角芯杆对准螺栓尾杆之内六角孔固定螺栓（干涉配合时可不使用六角芯杆），套筒扳手套在螺母六角头上（根据结构的开敞性选用工具），拧断六角螺母头，完成安装。

【TIPS】

安装注意事项

（1）螺母的断颈部分必须按相应 AO（装配大纲）的标准件清单数量全部交付检验进行隔离报废，安装后形成的断口处防腐要求按设计图样、技术条件及 AO 要求执行。

（2）根据螺栓安装开敞性选用适合的风动（HLA）、手动（ILH）工具及定力风扳机（LM）安装螺母。

（3）允许采用普通扳手拧断螺母，对不锈钢螺母应快速拧断，以免材料冷作硬化。

（4）风扳机的扭力矩必须高于螺母之拧断力矩。

（5）当使用风扳机时，车间冷气压力应大于 0.62MPa（90psi）。

（6）当选用间隙配合用湿装配安装螺栓时，拧紧螺母分两个阶段：先给部分拧紧力矩使密封剂从贴合面和螺栓杆孔间隙流出（等 15 ～ 20min），再将螺母拧紧到位。

（7）安装螺母时，需用定力风扳机（受结构限制部位允许用普通工具）。在上机操作前，核对定力风扳机的力矩，核对合格后方可正式上机操作。

（8）在施工尺寸偏小处，应注意不得强迫安装，以免擦伤构件。

（四）安装后的检查

检查安装质量：

（1）高锁紧固件的安装要求 100% 检查；

（2）按相应图样检查紧固件牌号、规格的符合性；

（3）紧固件不允许松动，螺栓不允许露杆，紧固件头部下面允许在不大于 40% 圆周内插入 0.004in（0.1m）千分垫；高锁螺母与结构件间如果间隙延伸到螺杆为不合格，安装好的高锁螺母上不允许有伤痕或切口，否则报废，更换；

（4）用高锁卡规：3A 025/J–079（5 号），3A 025/J–056（6 号），3A 025/J–057（8 号），3A 025/J–058（10 号），3A 025/J–059（12 号），3A 025/ J–060（14 号），检查螺栓外伸量是否合格；

（5）若安装的是沉头螺栓则应检查螺栓头与结构表面的齐平度是否符合 ±0.005in（±0.127m）。

四、高锁螺栓的拆卸

（1）确定需拆卸的高锁螺栓；

（2）选用拆卸工具，根据螺栓安装开敞性也允许用其他手钳（鱼口钳）或类似的工具拆除螺母；

（3）用螺母拆卸工具上的卡螺母的齿爪将高锁螺母根部套住，将六角芯杆插入高锁螺栓尾端，六角芯杆与螺栓六角孔相配（干涉配合的高锁螺栓可以不使用六角芯杆固定螺栓），反时针旋转将螺母拆卸，再取出螺栓（对于干涉配合的，则将螺栓打出）。

【TIPS】

拆卸注意事项

（1）拆卸时，不得损伤周围结构表面和高锁螺栓表面。

（2）拆下来的螺母必须按相应 AO 的标准件清单数量全部交付检验进行隔离报废。

（3）未损坏的干净高锁螺栓可以再次使用。

任务实施

高锁螺栓安装实操训练任务实施练习：根据工单工作任务要求，完成高锁螺栓安装操作练习。按照航空维修标准和工具管理规范，确保所有项目都完成，没有遗漏，工作过程正确。签署工卡时按照航空机务工作工卡签署"九字方针"——"看一项、做一项、签一项"进行。

实习工作单		适用课程类型		
		飞机维修类		
实习项目	高锁螺栓安装训练			
工具/设备	铅笔、钢直尺、气钻、去毛刺工具、锯弓、锉刀、铆枪、定力风扳机			
消耗材料	铝板、锯条、麻花钻、铰刀、锪窝钻、高锁螺栓			
工序	工作任务描述		学员	教员
1	**安全要求/注意事项** （1）防止铝板边缘毛刺划伤手； （2）钻孔、锪窝操作时必须佩戴护目镜； （3）钻孔、锪窝过程中应佩戴耳塞； （4）钻孔过程中，严禁嘴吹铝屑； （5）铆接过程中，铆枪头严禁对人			
2	**工作准备** （1）清点工具、量具、设备； （2）检查并确定给定的铝板尺寸			
3	**工作流程** （1）根据图样要求，确定零件的 A、B 基准面，并做好标记； （2）锉削基准面 A 和 B，保证 $A \perp B$； （3）用钢直尺和铅笔对照图样在底板上进行划线操作，在要钻孔的部位做好标记； （4）在气钻上装 $\phi 2.6$ 钻头，在底板钻孔部位进行钻孔操作； （5）换 $\phi 4.2$ 钻头对 $\phi 2.6$ 的孔进行扩孔操作； （6）换用铰刀对孔多次进行铰孔操作； （7）换用锪窝钻对沉头高锁进行锪窝操作； （8）换大号钻头或锪窝钻对孔口进行倒角操作； （9）用去毛刺铰刀对底板、面板孔进行去毛刺操作； （10）对所有材料进行分解清洗； （11）用定力风扳机安装平头高锁螺栓； （12）用定力风扳机安装沉头高锁螺栓； （13）清理零件			
4	**测试/检查** （1）铝板表面平整、没有划痕及毛刺； （2）铝板外轮廓尺寸符合要求； （3）零件外轮廓圆弧尺寸符合要求； （4）高锁螺栓间距、边距符合要求； （5）蒙皮表面无划伤； （6）高锁螺栓安装质量符合要求			
5	**工作结束** （1）清洁工具、量具，清点工具、量具； （2）清洁工作现场			

工作单类型		完工日期	完工签署	第1页，共2页
□基础培训	☑技能培训			

（续）

附图如下，单位为 mm：

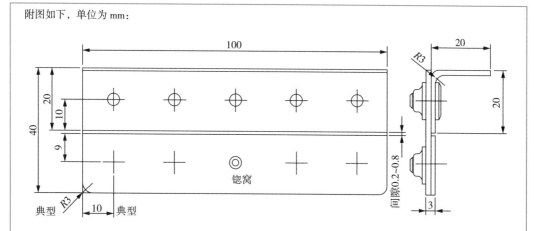

技术要求：

1. 试板尺寸公差 ±0.5mm，四角垂直度 90° +30″；

2. 铆钉间距公差 ±0.5mm，孔位边距公差 ±0.4mm；

3. 锐角去毛刺 <0.2mm；

4. 工件夹层缝隙 <0.3mm；

5. 对缝间隙 0.2~0.8mm，局部对缝阶差 ±0.3mm；

6. 铆接后工件表面平整度 <0.4mm；

7. 零件表面不允许打磨修复

工作单类型		完工日期	完工签署	第 2 页，共 2 页
□基础培训	☑技能培训			

📝 评价与反馈

学生对自己完成任务做自我评价，完成下表。

序号	考核要求		配分	工量具	评分标准	得分
	班级：	姓名：			学号：	
	项目	公差				
1	整体外形尺寸	±0.5	7	游标卡尺	每超差一处扣 1 分（至少测量 4 处、超出 1mm 每处 2 分）	
2	四角垂直度	±30′	4	直角尺	每超差一处扣 1 分	
3	四角圆弧 R	R5±0.5	4	半径规	每超差一处扣 1 分	
4	零件无毛刺、锐边倒圆、光滑尖角		4	目视	每超差一处扣 1 分（大于 10mm 算一处）	
5	制孔质量		3	目视	孔是否圆滑，椭圆孔扣除 3 分	
6	对缝处局部阶差	±0.3	3	钢直尺、塞尺	每超差一处扣 1 分（大于 0.5mm 不得分）	

（续）

序号	考核要求		配分	工量具	评分标准	得分
	项目	公差				
7	工件对缝间隙（0.6）	0.2/0.8	5	塞尺	每超差一处扣1分，直线距离大于10mm算一处，间隙小于0.1mm和间隙大于1mm时，则超差一处扣2分	
8	高锁螺栓孔间距	±0.5	8	钢直尺	每超差一处扣1分（每孔位算一处）	
9	高锁螺栓孔边距	±0.5	8	钢直尺	每超差一处扣1分（每孔位算一处）	
10	锪窝质量		3	目测	窝壁是否光滑，不满足扣3分	
11	高锁螺栓头部间隙		10	塞尺	每超差一处扣2分	
12	高锁螺栓外伸量		10	卡规	每超差一处扣2分	
13	沉头高锁螺栓表面平齐度		10	铆钉卡板	每超差一处扣2分	
14	夹层间隙	0.1	2	塞尺	每超差一处扣1分	
15	铆接后工件表面不平度	±0.5	5	钢直尺	每一处扣1分（大于1mm不得分）	
16	工件表面轻微机械损伤	0~0.1	10	目测	每超差一处扣1分，直线距离大于10mm算一处，间隙小于0.1mm和间隙大于1mm时，则超差一处扣2分	
17	零件2/3弧度尺寸控制	±0.5	4	塞尺	每超差一处扣2分	
18	外观				不符合图样一处、与报废零件一项扣5分；孔未去毛刺一处扣2分；零件未完成酌情扣2~5分	
19	安全文明生产				酌情扣1~5分，严重者扣10分	
20	合计					

思考与练习

一、判断题

1. 高锁螺栓制孔时，扩孔也可以。（　　　）

2. 高锁螺栓铰孔时，应采用高转速。（　　　）

3. 由于板件是铝件，铰孔不需要使用润滑剂。（　　　）

4. 铰孔尺寸用塞尺进行检查。（　　　）

5. 倒角应在螺母一侧进行。（　　　）

6. 所有结构，都应在产品上倒角后才能安装螺栓。（　　　）

7. 5号高锁螺栓孔超差时，工人可以直接加大为6号孔，不需要办理超差单。（　　　）

8. 高锁螺栓长度选择与安装部位厚度有关系。（　　　）

9. 高锁螺母安装时，螺母直接用定力风扳机带入就可以。（　　　）

10. 高锁螺栓安装完成后，允许螺栓头和产品表面存在间隙。（　　　）

二、问答题

1. 高锁螺栓孔垂直度如何检查？

2. 间隙配合的高锁螺栓能不能用普通扳手拧断螺母，请说出理由？

3. 当高锁螺栓安装不符合要求时，应怎么拆除高锁螺栓？

模块五　飞机钣金铆接技能竞赛

知 识 目 标

◎掌握钣金成形基本知识。

◎掌握钣金成形件展开料计算。

◎掌握铆接装配基本知识。

能 力 目 标

◎能够根据图样及技术要求对竞赛零件进行成形及修配。

◎能够按技术要求对铆钉进行成型。

◎能够分析出铆接质量问题并提出解决方法。

◎能够对钣金件进行正确折弯。

◎能按要求归还工具，并进行工具清点，恢复场地。

素 质 目 标

◎建立良好的行为习惯及工作作风，遵守民航机务的四个意识、五个到位。

◎建立规章意识，梳理遵章守纪的"底线"思维。

◎建立红线意识，坚守诚实守信的"红线"意识。

◎建立举手意识，遇到困难情况无法继续执行工作要举手，发现隐患、不符合项要举手。

◎建立风险意识，比赛/训练过程中，要及时认知工作的场景，识别控制已知风险，规避未知风险。

◎在整个工作流程中，做到五个到位。

任务引入

随着中国经济的飞速发展，人们的出行需求越来越高，国家对航空业的发展非常重视，近些年来连续举办了飞机方面的各届世界技能大赛及全国选拔赛，里面就涵盖飞机钣金铆接项目，目的是对"飞机钣金铆接"技能的理论和实践应用方面的验证和评价，主要考核参赛选手基本维修技能，要求选手按照设计图样、工艺手册和维修工卡，在规定的时间内完成钣金修配任务。同时，使参赛选手、裁判等相关人员熟悉世界技能大赛技术要求，了解相关职业领域技术技能发展趋势，促进行业内技能竞赛和技能人才培养工作科学和可持续发展。要求学生在学习后对飞机钣金铆接有更深的认识，具备参加飞机金属结构修理比赛的经验及能力。

项目一　第 45 届世界技能大赛全国选拔赛

一、项目描述

飞机维修是保证飞机 / 直升机安全服役的一项技能，其主要工作内容是按照标准和程序要求对飞机 / 直升机进行维护检查，发现并排除故障，使飞机 / 直升机达到安全服役状态。

世界技能大赛飞机维修项目比赛要求选手熟悉飞机 / 直升机及其动力（发动机）、结构、液压、操纵、航空电气等系统的原理和组成，具备钣金折弯成形、铆接、导线制作、机务维护等基本知识和技能，掌握简单的电气系统原理图、接线图，能够正确使用各种工具和测量、检查设备，能在飞机 / 直升机或模拟舱内拆卸和安装零部件，能调整操纵控制系统，具备机务检查及故障查找、判断和准确描述的技能。

二、考核目的

本次全国选拔赛的目的是选拔出具备优良技能水平和综合素质的选手参加集训，备战第 45 届世界技能大赛。同时，使参赛选手、裁判等相关人员熟悉世界技能大赛技术要求，了解相关职业领域技术技能发展趋势，促进行业内技能竞赛和技能人才培养工作的科学和可持续发展。

本次全国选拔赛竞赛内容将参考世界技能大赛飞机维修项目竞赛要求，结合国内航空制造和维修企业、民航公司、通航公司、院校实际情况确定，保留世界技能大赛飞机维修项目竞赛关键考核技术要素和基本技能要求。

三、选手需具备的能力

世界技能组织的标准规范（WSSS）规定了飞机维修项所需的知识、理解力和具体技能，反映了全球范围对于该行业工作或职位的理解。技能竞赛的目的是展现世界技能组织标准规范（WSSS）所述的本项技能在世界上的最高水平，或至少在某种程度上它能够对此予以展示。因此该标准规范就是该技能备赛和培训的指导，见表 5-1-1。

表 5-1-1　对选手的能力要求

序号	选手的能力要求	权重
1	钣金组件	30%
	选手需要了解并熟悉： 1.ATA 第 51 章以及等同内容； 2. 工程图样识读； 3. 材料的不同种类及其特性； 4. 钣金件展开长度和铆钉长度的计算以及铆钉种类和用途； 5. 正确使用精密测量工具； 6. 加工、制造、装配和修理技能	

表 5-1-1（续）

序号	选手的能力要求	权重
	选手应能够： 1. 确认修理需求以及获得修理许可； 2. 对于复杂修理，应理解厂家的工程图样包括：顶帽式、曲折管折弯、双曲线折弯、下陷折弯等； 3. 精确计算展开尺寸； 4. 成形复杂截面和槽形件，并按照标准操作（AC43-13）要求装配； 5. 高精度地折弯板材，应达到转角圆滑过渡，无划痕； 6. 根据提供的工程图样布局紧固件、精确地确定铆钉长度并安装实心铆钉； 7. 排除修理过程中出现的各类故障，并准确报给有资质的工程师	

（1）选手理论知识要求

①钣金成型基本知识；

②简单的钣金成型件展开料计算；

③铆接装配基本知识。

（2）选手的技能要求

①钳工基础；

②钣金成型和修配；

③铆钉成型及分解。

四、竞赛项目

（1）竞赛模块

表 5-1-2　竞赛模块

模块编号	模块名称	竞赛时间/min	评价分	测量分	合计	权重折算分
A	钣金组件	240	0	100	100	30
B	电气组件	120	0	100	100	25
C	操纵系统调整	90	0	100	100	10
D	飞机部件（PFCU）拆装	240	0	100	100	20
E	机务检查	90	0	100	100	15
总计		780	0	500	500	100

（2）竞赛模块简述

模块 A：钣金组件

选手依据技术文件，按照各项技术要求和考核点，规范地在指定工作位和加工制造设备上完成钣金组件的加工和装配。考核选手正确理解文件和识图、钣金件展开计算、折弯纹理布置、规范使用设备、规范使用工具与量具、制件加工与装配技术的能力。

五、比赛样题——钣金组件

（1）考核目标

重点考核参赛者理解技术文件的能力，能够按图样制出钣金零件及准确装配零件及紧固件，按照提供的图样安装实心铆钉，并达到相应技术要求。

（2）考核技术要素

表 5-1-3　考核技术要素

序号	考核要素
1	理解图样
2	钣金件成型、铆接装配
3	按照图样折弯区与展开长度计算并进行布局、下料
4	按图纸制作修配零件角度、尺寸及形状，修配出的二维尺寸参数、角度、零件对缝间隙须满足图样规定
5	按图样确定紧固件位置并制孔，铆钉边距、铆钉间距、制孔质量须满足图样规定
6	安装实心铆钉，铆钉头变形与机械损伤、铆钉头单向间隙、铆钉镦头高度、铆钉镦头直径、铆接质量须满足图样规定
7	工件表面精整，工件表面机械损伤、工件表面变形量（平面度）须满足图样规定
8	遵守安全文明生产规定，不得损伤工件、工具
9	现场清理

（3）考核时间：4h

（4）考核程序

①按图样制作及修配出零件形状；

②按图样确定紧固件位置并钻孔；

③安装紧固件；

④清理。

（5）比赛所用资料

①技术文件；

②比赛用图。

选手在比赛过程中所需图样如图 5-1-1 所示。

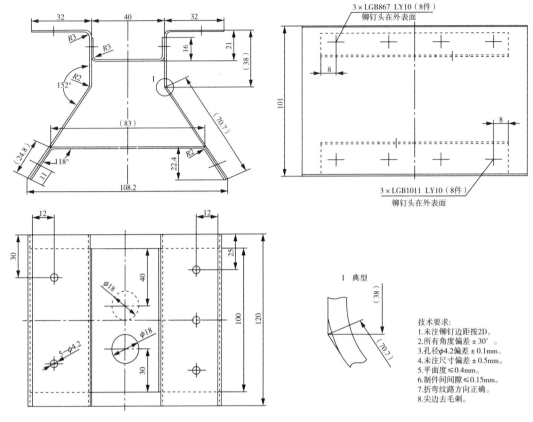

图 5-1-1　比赛用图

（6）评分标准

由裁判组按以下标准对参赛选手测试过程中的操作及提交的零部件进行评分，具体见表 5-1-4。

表 5-1-4　评分标准

序号	考核要求		工/量具	分值	评分标准
	项目	容差			
1	所有板弯内半径 R2、R3	±0.5mm	R 规	4	每超差 1 处扣 0.5 分
2	尺寸 120mm（二处）	±0.5mm	卡尺	3	每处超差 0.5mm 扣 1 分，超差 1mm 扣 1.5 分
3	尺寸 101m（二处）	±0.5mm	卡尺	3	每处超差 0.5mm 扣 1 分，超差 1mm 扣 1.5 分
4	尺寸 32mm（二处）	±0.5mm	卡尺	3	每处超差 0.5mm 扣 1 分，超差 1mm 扣 1.5 分
5	尺寸 40mm	±0.5mm	卡尺	2	超差 0.5mm 扣 1 分，超差 1mm 扣 2 分
6	尺寸 16mm（二处）	±0.5mm	卡尺	3	每处超差 0.5mm 扣 1 分，超差 1mm 扣 1.5 分
7	尺寸 21mm（二处）	±0.5mm	卡尺	3	每处超差 0.5mm 扣 1 分，超差 1mm 扣 1.5 分
8	尺寸 100mm（二处）	±0.5mm	卡尺	3	每处超差 0.5mm 扣 1 分，超差 1mm 扣 1.5 分
9	尺寸 108.2mm	±0.5mm	卡尺	2	超差 0.5mm 扣 1 分，超差 1mm 扣 2 分

表 5-1-4（续）

序号	考核要求		工/量具	分值	评分标准
	项目	容差			
10	尺寸 22.4mm（二处）	± 0.5mm	卡尺	3	每处超差 0.5mm 扣 1 分，超差 1mm 扣 1.5 分
11	90° 角（四处）	± 30′	角度尺	4	每处超差 30′ 扣 0.5 分，超差大于 30′ 扣 1 分
12	152° 角（二处）	± 30′	角度尺	2	每处超差 30′ 扣 0.5 分，超差大于 30′ 扣 1 分
13	108° 角（二处）	± 30′	角度尺	2	每处超差 30′ 扣 0.5 分，超差大于 30′ 扣 1 分
14	半圆头铆钉边距 6mm、8mm	± 0.5mm	卡尺	6	每处超差扣 0.5 分
15	半圆头铆钉间距 28mm	± 0.5mm	卡尺	3	每处超差扣 0.5 分
16	偏圆头铆钉边距 8mm、11mm	± 0.5mm	卡尺	6	每处超差扣 0.5 分
17	偏圆头铆钉间距 28mm	± 0.5mm	卡尺	3	每处超差扣 0.5 分
18	ϕ 4.2 孔直径	+0.2mm	卡尺	1	每处超差扣 0.5 分
19	ϕ 4.2 孔边距 12mm、25mm、30mm	± 0.5mm	卡尺	3	每处超差扣 0.5 分
20	ϕ 4.2 孔间距 35mm	± 0.5mm	卡尺	1	每处超差扣 0.5 分
21	装配对称（二处）	0.5mm	卡尺	4	每处超差 0.5mm 扣 1 分，超差 1mm 扣 2 分
22	工件表面变形量（平面度）	≤ 0.4mm	塞尺	2	每超差 1 处扣 0.5 分
23	工件间局部间隙	≤ 0.15mm	塞尺	2	每超差 1 处扣 0.5 分
24	工件之间不能有多余夹杂物		目视	1	工件之间有多余夹杂物，此项不得分
25	所有边缘光滑无磕伤		目视	1	每磕伤 1 处扣 0.5 分
26	折弯 R 区有无裂纹、橘皮		目视	1	每超差 1 处扣 0.5 分
27	零件去毛刺		目视	2	每超差 1 处扣 0.5 分
28	纹路方向	按标准	目视	1	纹路与折弯边不垂直不得分
29	工件表面不允许有压伤、划伤		目视	2	压伤或划伤每处扣 0.5~3 分
30	钉头方向		目测	24	16 个铆钉，每个铆钉 1.5 分，出现一种缺陷扣 0.5 分，每个铆钉铆接质量缺陷累计扣分不超过 1.5 分
31	铆钉镦头成型		目测		
32	铆钉处制件凸出或凹陷		目测		
33	铆钉的变形和机械损伤		目测		
34	铆钉镦头直径	4.2~4.8mm	卡尺		
35	铆钉镦头高度	H_{min} = 1.2mm	卡尺		
36	铆钉头单向间隙	≤ 0.05mm	塞尺		
37	安全文明生产		现场记录		1. 未正确佩戴安全防护眼镜扣 1 分； 2. 未正确佩戴耳塞扣 1 分； 3. 不得损伤工具，每出现 1 件扣除 1 分，最多扣 5 分； 4. 场地未清理，扣 5 分
合计				100	

六、评分流程说明

选拔赛各模块的评分均为客观分。评判应由不少于两名裁判对各要素进行评分。由模块执裁负责人组织评分并在评分表上填写并签字，选手所在单位参与执裁的技术负责人签字确认。

钣金组件模块评分采用过程记录后台评分和后台检测评分方式。其中过程记录考核选手正确使用设备和工、量、刃具，安全文明操作，场地清洁，根据过程记录后台按评分标准评分。后台检测结果评分为专业人员使用专业计量器具进行检测，根据评分标准对选手制件进行实测检查评分，检测过程公开。专业检验人员对比赛作品质量符合性进行检查评分，裁判员在选手评分表上给出选手材料使用、零件外形、角度偏差、折弯 R 角、表面损伤、铆钉排列、铆钉方向、铆钉缺陷、尺寸精度等要素评分，裁判签字交模块负责人和裁判长签字。

七、竞赛相关设施设备

（1）场地准备

钣金组件模块比赛场地所需设备（赛场准备）见表5-1-5。

表5-1-5 所需设备

序号	设备名称	型号	单位	数量
1	剪板机	Q11—1×720	台	1
2	折弯机	WS—1×600	台	1
3	台虎钳	150mm	台	1
4	胶带纸		卷	1
5	木块		块	1
6	丙酮 抹布			若干
7	矫正平板	300mm×300mm	块	1
8	检测样板	118°±30′ 和 152°±30′	套	各2
9	深度游标卡尺	0～300mm	把	1
10	钣金铆接工作台	1.5m×0.8m×1m	件	1

（2）材料准备

钣金组件模块比赛所需材料清单（赛场准备）见表5-1-6。

表5-1-6 所需材料

序号	名称	规格	单位	数量	备注
1	铝合金板	300mm×300mm×1mm	件	1	LY12 CZ
2	铆钉	3×6GB 867	个	8	标准件
3	铆钉	3×6GB 868	个	8	标准件
4	铆钉	3×6GB 954	个	8	标准件

（3）比赛选手自备的设备和工具

钣金组件模块比赛所需工具见表5-1-7。

表5-1-7 所需工具

序号	名称	规格	单位	数量
1	风钻	通用	把	1
2	铆枪	M3 或 M5	把	1
3	钻头	$\phi 3.1$、$\phi 3.6$、$\phi 4.1$、$\phi 4.2$、$\phi 5.1$	支	各1
4	空心锪钻（孔锯、蒙皮锪钻）	适用18mm孔	支	1
5	锪窝钻	$3 \times 120°$	支	1
6	锪窝限位器	适用 $\phi 3$ 沉头铆钉	个	1
7	铣刀	适用平面和 $\phi 18$ 孔	把	2
8	塞尺	75B14	个	1
9	万能角度尺	320°	把	1
10	卡尺	0 ~ 150mm	把	1
11	钢板尺	150mm 或 300mm	把	1
12	R 规	0 ~ 6mm	个	1
13	去毛刺器	自定	个	1
14	钣金剪	通用	把	1
15	油性记号笔	黑色 0.35 ~ 0.5 mm	支	1
16	半圆锉	自定	把	1
17	平板锉	自定	把	1
18	整形锉	自定	套	1
19	细砂纸	320 号	张	2
20	铆卡	适用 $3 \times L$ GB 867 $3 \times L$ GB 868	个	各1
21	铆卡	适用 GB 954	个	1
22	定位销	$\phi 3$	个	各12
23	定位销钳	通用	个	1
24	夹紧钳	4 号或 6 号	个	8
25	螺丝刀	十字、一字	把	各1
26	顶铁	通用	个	1
27	划规	150mm	个	1
28	木锤	$\phi 30 ~ \phi 50$	把	1
29	毛刷		把	1
30	橡胶打板	通用	个	1
31	计算器	函数科学计算器	个	1

（4）决赛场地禁止自带使用的设备和材料

表 5-1-8　禁止自带使用的设备和材料

序号	设备和材料名称
1	自制特殊工具和工装，自带各模块所需的制作材料
2	可编程序计算器；存储装置
3	任何 CD、软盘、闪存，或任何其他的记录装置
4	更多信息内容参见第 6 章节
5	不允许携带图样和其他手册资料

八、项目特别规定

（1）选手工具箱需在比赛前一天检查并封存；

（2）因选手自带工、刀、量具及其他参赛用品不能满足比赛要求影响比赛成绩的，或因选手操作失误造成设备故障无法继续比赛的，其后果自负；

（3）选手应严格执行设备安全操作规程。如因选手个人原因造成的事故，由参赛队及个人承担全部责任；

（4）所涉及的相关航空行业标准规范、手册、配套文件允许使用英文版；

（5）禁止使用自带的预置件、配置文件等；

（6）如使用自带的预置件、配置文件等将取消本模块分，恶意破坏比赛设备行为将取消选手项目成绩等。

表 5-1-9　特殊技能规则

主题 / 任务	特殊技能规则
笔记本电脑、平板电脑及手机的使用	禁止参赛者、裁判携带笔记本电脑、平板电脑和手机进入赛场
个人拍照设备和视频记录设备的使用	参赛者、裁判以及翻译只允许在比赛结束时在赛场内使用个人拍照设备和视频记录设备； 允许裁判根据需要使用专用照相机和存储设备标记程序，但必须经过裁判长的批准
样板、辅助设备等	禁止参赛者自行携带样板和辅助设备参加比赛，此次比赛可能使参赛者获得不公平的优势。如需使用样板可以由赛场提供
图样、记录资料	禁止参赛者携带任何准备好的图样和文件资料参加比赛
健康、安全和环境	参见世界技能大赛健康、安全和环境政策及指南文件

九、选手安全防护措施要求

（1）选手需自行携带安全防护用品。选手在进行操作时必须正确佩戴安全防护用品。

（2）选手应严格执行设备安全操作规程，如因选手个人原因造成的事故，由参赛队及个人承担全部责任。

（3）由于选手操作失误造成设备故障无法比赛的，其后果自负。

（4）裁判员有纠正选手违反安全防护措施行为的义务和权利，对拒不服从的选手将暂停其竞赛直至改正为止。

项目二　第一届全国技能大赛飞机维修项目

一、项目描述

飞机维修是保证飞机／直升机安全服役的一项技能，其主要工作内容是按照标准和程序要求对飞机／直升机进行维护检查，发现并排除故障，使飞机／直升机达到安全服役状态。

世界技能大赛飞机维修项目比赛要求选手熟悉飞机／直升机及其动力（发动机）、结构、液压、操纵、航空电气等系统的原理和组成，具备钣金折弯成型、铆接、导线制作、机务维护等基本知识和技能，掌握简单的电气系统原理图、接线图，能够正确使用各种工具和测量、检查设备，能在飞机／直升机或模拟舱内拆卸和安装零部件，能调整操纵控制系统，具备机务检查及故障查找、判断和准确描述的技能。具备复合材料缺陷查找、判断及修复技能。

二、考核目的

本次竞赛的目的是选拔出具备优良技能水平和综合素质的选手参加集训，备战第46届世界技能大赛。同时，使参赛选手、裁判等相关人员熟悉世界技能大赛技术要求，了解相关职业领域技术技能发展趋势，促进行业内技能竞赛和技能人才培养工作的科学和可持续发展。此次考核内容将依据世界技能大赛飞机维修项目竞赛技术说明要求，结合国内航空制造和维修企业、民航公司、通航公司、院校实际情况确定。

三、选手需具备的能力

世界技能组织的标准规范（WSSS）规定了飞机维修项所需的知识、理解力和具体技能，反映了全球范围对于该行业工作或职位的理解。技能竞赛的目的是展现世界技能组织标准规范（WSSS）所述的本项技能在世界上的最高水平，或至少在某种程度上它能够对此予以展示。因此该标准规范就是该技能备赛和培训的指导，见表5-2-1。

表 5-2-1   对选手的能力要求

选手能力要求	权重
飞机结构修理（有色金属）	28%
个体（选手）需要了解并掌握： –ATA 第 51 章以及等同内容 ·厂家结构修理手册和等同内容 ·工程图样和文件 – 不同种类的金属及其特性 ·计算折弯和铆钉长度的公式 ·铆钉种类和用途 ·精密测量仪器 ·结构修理技术 ·与其他技术实体（技术支持、公司批准的程序等）进行有效的交流并针对延误时间进行共同工作的意义	
个体（选手）应能够做到： ·确认修理需求，并获取批准的修理方案 ·对于复杂修理，应理解厂家的工程图纸包括但不限于：槽形嵌入件修理、曲折弯管、OGEE 双曲线折弯、冲片、桁条拼接和榫接 ·填写损伤报告 ·精确计算平面布局尺寸 ·复杂截面和 Z 形件成形，并按照标准操作（AC43–13）要求装配，从而达到修理组件的目的 ·高精度地钣金折弯，保证转角圆滑过渡，无刻痕 ·选择适当的标准件（实心铆钉、抽芯铆钉、高锁铆钉等） ·根据提供的工程图样布局标准件、精确地确定铆钉长度并安装实心 / 抽芯铆钉 ·对完成的修理工作进行评估，并将故障和修理前后不一致的状态报给技术监控人员 ·证明工作是按照适航标准完成的	

四、竞赛项目

（1）竞赛模块

表 5-2-2   竞赛模块

模块编号	模块名称	竞赛时间 / min	分数			
			评价分	测量分	合计	权重折算分
A	飞机结构修理	240		100	100	25
B	外场可更换单元（LRU）机械	210		100	100	20
C	外场可更换单元（LRU）电气	180		100	100	22
D	飞机初始验收检查	90		100	100	15
E	复合材料修理	240		100	100	18
总计		960	0	500	500	100

（2）竞赛模块简述

模块 A：飞机结构修理

选手依据技术文件，按照各项技术要求和考核点，规范地在指定工作位和加工制造设备上完成飞机结构修理。考核选手正确理解文件和识图能力、钣金件展开尺寸计算能力、折弯纹理方向布置能力、规范使用设备及工量具能力、产品加工与装配技术能力、正确填写相关表格文件能力、良好的沟通与交流的能力。

五、参考样题——飞机结构修理

（1）考核目标

重点考核参赛者理解技术文件的能力，能够按图样制出钣金零件及准确装配零件及紧固件，按照提供的图样安装实心铆钉，并达到相应技术要求。

（2）考核技术要素

表 5-2-3　考核技术要素

序号	考核要素
1	理解图样
2	简单钣金件成型
3	按照图样进行布局
4	按图样修配零件角度、尺寸及形状，修配出的二维尺寸参数、四角垂直度、零件对缝间隙须满足图样规定
5	按图样确定紧固件位置并制孔，铆钉边距、铆钉间距、制孔质量须满足图样规定
6	安装实心铆钉，铆钉头变形与机械损伤、铆钉头单向间隙、铆钉镦头高度、铆钉镦头直径、铆接质量须满足图样规定
7	工件表面精整，工件表面机械损伤、工件表面变形量（平面度）须满足图样规定
8	遵守安全文明生产规定，不得损伤工件、工具
9	现场清理

（3）考核时间：4h

（4）考核程序

①每个参赛者将收到：图样、铝板和紧固件，详见零件标准件清单；

②绘制各零件展开图及演算计算过程［参照民用航空器维修基础系列教材《维修基本技能》（任仁良主编）］；

③按图样制作及修配出零件形状；

④按图样确定紧固件位置并钻孔；

⑤现场提交检查；

⑥安装紧固件；

⑦清理。

（5）比赛所用资料

①铝板和紧固件，详见零件标准件清单；

②比赛用图、评分标准等。

选手在比赛过程中所需图纸如图5-2-1所示。

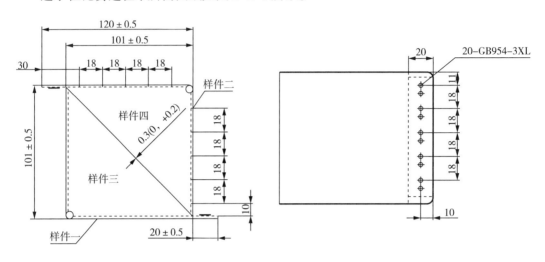

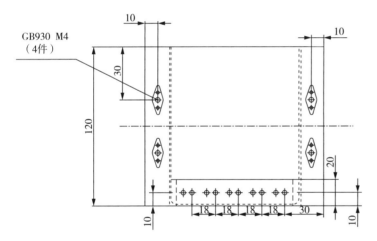

技术要求：

1.所有未注公差±0.3mm

2.未注角度90°，公差±0.5°

3.零件表面不允许打磨修复

4.平面度≤0.3mm

5.零件弯折角R3（0，+0.5）mm

6.零件间间隙≤0.15mm

7.锐边去毛刺，未注尖角倒钝

8.纹路方向正确

9.样件三和样件四对缝阶差

≤0.3mm

10.铆钉头在外表面

11.零件止裂孔R4±0.5mm

12.铆钉边距，间距公差均

为±0.5mm

图 5-2-1　所需图样

（6）评分标准

由裁判组按以下标准对参赛选手测试过程中的操作及提交的零部件进行评分，具体见表5-2-4。

表 5-2-4 评分标准

序号	考核要求		工/量具	分值	评分标准
	项目	容差			
件一					
1	弯边高度 20（至少测量 2 处）	±0.5mm	卡尺	2	每超差 0.5mm 容差扣除 0.5 分，超出 ±1mm 扣 1 分
件二					
2	弯边高度 20（至少测量 2 处）	±0.5mm	卡尺	2	每超差 0.5mm 容差扣除 0.5 分，超出 ±1mm 扣 1 分
件三和件四					
3	弯边高度 20（至少测量 2 处）	±0.5mm	卡尺	2	每超差 0.5mm 容差扣除 0.5 分，超出 ±1mm 扣 1 分
4	外形 45°（至少测量 4 处）	±30″	角度尺	2	每超差 30″ 扣 0.5 分
5	止裂孔 R4mm	±0.5mm	R 规	2	每超差 1 处扣 1 分，扣完为止
装配测量					
6	阶差（对缝间隙处）（至少测量 4 处，均分）	≤0.3mm	塞规	4	每超差 1 处扣 0.5 分，扣完为止
7	所有板弯半径内 R3	+0.5mm	R 规	1	每超差 1 处扣 0.5 分，扣完为止
8	外形尺寸 101mm，120mm（有折弯方向）（至少测量 8 处）	±0.5mm	卡尺	4	每超差 0.5mm 容差扣除 0.5 分，超差 ±1mm 扣 1 分，扣完为止
9	外形尺寸 120mm（无折弯方向）（至少测量 4 处）	±0.3mm	卡尺	4	每超差 0.3mm 容差扣除 0.5 分，超差 ±1mm 扣 1 分，扣完为止
10	对缝间隙（至少测量 0.3mm 4 处）	0~0.2mm	塞规	4	每超差 0.2mm 容差扣除 0.5 分，超差 ±0.3mm 扣 1 分，扣完为止
11	板件平面度（组合件）至少测量 4 处	≤0.3mm	卡尺与塞规	1	每超差 1 处扣 0.5 分
12	板弯件弯边垂直度共 8 处，（4 处组合时测量，另 4 处拆开测量）	±30″	角度尺	6	每超差 30″ 扣 0.5 分
13	零件无毛刺，尖角倒钝		目视	2	每超差 1 处扣 0.5 分，扣完为止
14	所有边缘光滑无磕伤无锐边		目视	2	每磕伤 1 处扣 0.5 分
15	折弯 R 区有无裂纹，橘皮		目视	1	每处 0.25 分
16	铆钉边距 10mm	±0.5mm	卡尺	2	每超差 0.5mm 容差扣除 0.5 分，超差 ±1mm 扣 1 分
17	铆钉端头 10mm，30mm	±0.5mm	卡尺	2	每超差 0.5mm 容差扣除 0.5 分，超差 ±1mm 扣 1 分
18	铆钉间距 18mm	±0.5mm	卡尺	2	每超差 0.5mm 容差扣除 0.5 分，超差 ±1mm 扣 1 分
19	托板螺母相对位置 10mm，30mm	±0.5mm	卡尺	2	每超差 0.5mm 容差扣除 0.5 分，超差 ±1mm 扣 1 分

表 5-2-4（续）

序号	考核要求		工/量具	分值	评分标准
	项目	容差			
20	托板螺母直径 4.2mm，2.5mm	±0.1mm	卡尺	2	每超差 0.3mm 容差扣除 0.5 分，超差 ±1mm 得 0 分
21	工件间局部间隙	≤ 0.15mm	塞尺	4	每超差一处扣 0.5 分，扣完为止
22	钉头方向		目测	19	每出现一处缺陷扣 0.5 分，每个铆钉铆接质量缺陷累计扣分不超过 2 分，扣完为止
23	沉头铆钉钉头允许凸出表面 0.1mm，不允许凹陷	+0.1mm	卡尺		
24	铆钉钉头的变形和机械损伤		目测		
25	铆钉镦头直径	4.2~4.8mm	卡尺		
26	铆钉镦头高度	$h_{min}=$ 1.2mm	卡尺		
27	铆钉头单向间隙	0.05mm	塞尺		
28	工件表面不允许有压伤、划伤		目视	4	压伤或划伤每处扣 0.5~2 分
29	工件之间不能有多余夹杂物		目视	2	工件之间有多余夹杂物，此项不得分
30	材料表面纹路正确		目视	5	材料纹路与折弯边平行扣 5 分
31	安全文明生产		目视	5	1. 未正确佩戴安全防护眼镜扣 1 分； 2. 未正确佩戴耳塞扣 1 分； 3. 未穿着安全鞋扣 1 分； 4. 不得损伤工具，工具、工件落地，每出现 1 次扣除 1 分，最多扣 5 分； 5. 场地未清理，扣 5 分 全部扣分不超过 5 分
32	零件与图样不符		目视	6	工件与图样不符或重大缺陷每处扣 6 分（如：多钻孔、成形方向错误等）
33	绘图及计算			4	公式错不得分；公式对过程错扣 2 分；公式对过程对结果错扣 1 分
合计				100	

六、竞赛相关设施设备

（1）场地准备

飞机结构修理模块比赛场地所需设备（赛场准备）见表 5-2-5。

表 5-2-5　所需设备

序号	设备名称	型号 / 规格 / 件号	单位	数量
1	剪板机	机械脚踏式	台	3
2	折弯机	机械手动式	台	3
3	台虎钳	通用	台	6
4	钣金工作桌	1500×750×850	台	6
5	平板	约 500×400×20	块	6
6	压缩空气机	现场供气	台	
7	压缩空气管（带快插换接头）	通用	条	6
8	垃圾桶	大号（分类）	个	2
9	清洁工具	通用	套	6

（2）材料准备

飞机结构修理模块比赛所需材料清单（赛场准备）见表 5-2-6。

表 5-2-6　所需材料

序号	名称	型号 / 规格	单位	数量
1	半圆头铆钉	GB-867	颗	若干
2	沉头铆钉	GB-954	颗	若干
3	盆头铆钉	GB-868	颗	若干
4	大扁圆头铆钉	GB-1011	颗	若干
5	托板螺母	GB-930M4	颗	若干
6	托板螺母	GB-930M5	颗	若干
7	工艺螺母、垫片	M4	颗	若干
8	工艺螺钉、垫片	M5	颗	若干
9	合金铝板	2A12T4-0.8mm 2A12T4-1.0mm 2A12T4-1.2mm	块	若干
10	砂纸	通用	张	若干
11	丙酮	通用	瓶	1
12	抹布	通用	块	若干
13	木块	通用	块	2
14	纸胶带	通用	卷	1

（3）比赛选手自备的设备和工具

飞机结构修理模块比赛所需工具见表 5-2-7。

表 5-2-7　飞机结构修理模块比赛所需工具

序号	名称	型号/规格	单位	数量
1	气动钻	通用	把	1
2	气动铆枪	M3 或 M5	把	1
3	半圆锉	200mm	把	1
4	平锉刀	200mm、300mm	把	各 1
5	圆锉	$\phi\,7 \times 150$	把	1
6	什锦锉（整形锉）	通用	套	1
7	木榔头	$\phi\,40 \times 150$	把	1
8	橡胶打板	通用	条	1
9	塑料板	$300 \times 60 \times 20$	块	2
10	塑料（木）尖	约 $100 \times 60 \times 20$	块	1
11	尖（样）冲	通用	把	1
12	直冲	$\phi\,2.5$	把	1
13	直、弯铁皮剪	通用	把	各 1
14	顶铁	通用	套	1
15	固定销	$\phi\,3.0$、$\phi\,3.5$	个	各 16
16	固定销	$\phi\,2.5$	个	6
17	固定销钳	通用	把	1
18	固定夹	通用	把	12
19	方口大力钳	4SP、6SP	把	各 4
20	弓形夹（C 形夹）	4in、6in	把	各 4
21	圆规（划规）	通用	把	1
22	划针	通用	支	1
23	去毛刺器（四件套）	通用	把	1
24	铆卡	适用 GB-867	个	1
25	直杆铆卡	适用 GB-954	个	1
26	平头铆卡	适用沉头铆钉	个	1
27	铆卡	适用 GB-868	个	1
28	铆卡	适用 GB-1011	个	1
29	直角尺	0~150mm	把	1
30	游标卡尺	0~200mm	把	1
31	万能角度尺	0°~320°	把	1
32	塞尺	通用	把	1
33	R 规	1~6.5	把	1

表 5-2-7（续）

序号	名称	型号 / 规格	单位	数量
34	麻花钻	ϕ2.6、ϕ3.1、ϕ3.6、ϕ3.8、ϕ4.1、ϕ4.2、ϕ4.8	支	各 1
35	锪窝钻	ϕ2.5×120°	支	1
36	锪窝钻	ϕ3.0×120°	支	1
37	锪窝定位器	通用	支	1
38	钢板尺	0~300mm、0~600mm	把	各 1
39	滚铣刀	ϕ16	把	1
40	开孔器	ϕ12、ϕ18	支	各 1
41	油性笔	MG-2130/ 黑、红	支	各 1
42	计算器	通用	个	1
43	清洁刷	通用	把	1
44	防擦伤垫布	大于平板尺寸	块	2
45	玻璃纸	通用	块	若干
46	铅笔	2B	支	1
47	铅笔刀	通用	把	1
48	侧夹钳	通用	把	6
49	螺丝刀	一字、十字	把	各 1
50	防滑耐磨手套	L 码	双	1
51	耳塞	3M	副	1
52	护目镜	透明镜片劳保眼镜	副	1
53	口罩	耳戴式	副	1

（4）决赛场地禁止自带使用的设备和材料

表 5-2-8　禁止自带使用的设备和材料

序号	设备和材料名称
1	自制特殊工具和工装，自带各模块所需的制作材料
2	可编程序计算器；存储装置
3	任何 CD、软盘、闪存，或任何其他的记录装置
4	更多信息内容参见第 6 章节
5	不允许携带图样和其他手册资料

七、项目特别规定

（1）选手工具箱需在比赛前一天检查并封存；

（2）因选手自带工、刀、量具及其他参赛用品不能满足比赛要求影响比赛成绩的，或因选手操作失误造成设备故障无法继续比赛的，其后果自负；

（3）选手应严格执行设备安全操作规程，如因选手个人原因造成的事故，由参赛队及个人承担全部责任；

（4）所涉及的相关航空行业标准规范、手册、配套文件允许使用英文版；

（5）禁止使用自带的预置件、配置文件等；

（6）如使用自带的预置件、配置文件等将取消本模块分，恶意破坏比赛设备行为将取消选手项目成绩等。

表 5-2-9　特殊技能规则

主题 / 任务	特殊技能规则
笔记本电脑、平板电脑及手机的使用	禁止参赛者、裁判携带笔记本电脑、平板电脑和手机进入赛场
个人拍照设备和视频记录设备的使用	参赛者、裁判以及翻译只允许在比赛结束时在赛场内使用个人拍照设备和视频记录设备； 允许裁判根据需要使用专用照相机和存储设备标记程序，但必须经过裁判长的批准
样板、辅助设备等	禁止参赛者自行携带样板和辅助设备参加比赛，此次比赛可能使参赛者获得不公平的优势。如需使用样板可以由赛场提供
图样、记录资料	禁止参赛者携带任何准备好的图样和文件资料参加比赛
健康、安全和环境	参见世界技能大赛健康、安全和环境政策及指南文件

八、选手安全防护措施要求

（1）选手需自行携带安全防护用品。选手在进行操作时必须正确佩戴安全防护用品。

（2）选手应严格执行设备安全操作规程，如因选手个人原因造成的事故，由参赛队及个人承担全部责任。

（3）由于选手操作失误造成设备故障无法比赛的，其后果自负。

（4）裁判员有纠正选手违反安全防护措施行为的义务和权利，对拒不服从的选手将暂停其竞赛直至改正为止。

附录1 世赛选手工作行为素养规范

1. 参考文件

MH/T 3010《民用航空器维修 管理规范》

MH/T 3011《民用航空器维修 地面安全》

MH/T 3012《民用航空器维修 地面维修设施》

MH/T 3013《民用航空器维修 职业安全健康》

局发明电【2018】196号

第一届职业技能大赛考核技术工作文件

2. 术语和定义

下列术语和定义适用于本规范。

2.1 安全性 safety

避免发生人身伤亡和财产损失的能力。

2.2 可靠性 reliability

产品在规定的条件下和规定的时间内完成规定的功能的能力。

2.3 安全防护措施 safety protective measures

为防止操作者工作时身体某部位误入危险区域或接触有害物质而采取的防护手段的总称。

2.4 劳动防护用品 articles for labor protection

由生产经营单位为从业人员配备的、使其在劳动过程中免遭或者减轻事故伤害及职业危害的防护装备。

2.5 危险部位 dangerous position

设备和工具上能引起人体伤害的地方。

2.6 机械伤害 mechanical injury

因设备或工具的机械运动所引起的绞、辗、戳、切和碰撞等对人体的伤害事故。

2.7 安全装置 safety device

消除或减小风险的单一装置或与防护装置联用的装置（而不是防护装置）。

2.8 防护装置 protective device

采用物体障碍方式阻止人体接近危险点、进入危险区域或触及危险部位的隔离装置（如防护罩、护栏等）。

2.9 地面设备 ground equipment

用于航空器及其零部件维修、大修、校验和测试的设备，以及通用设备（如机械加工设备、木工机械设备、飞机喷漆设备、除尘设备、吸尘设备、通风设备、梯架、升降平台等）。

2.10　工作现场

指选手训练 / 比赛时某一模块包含工作台、设备等的全部区域。

2.11　计量器具（量具）

指单独或与一个或多个辅助设备组合，用于进行测量的装置。

2.12　维修记录 maintenance records

对航空器及航空器部件所进行的任何检测、修理、排故、定期检修、翻修和改装等不同形式维修工作的记录。

2.13　维修证明文件 maintenance proving documents

对航空器或其部件完成了规定维修工作的证明性材料。

2.14　6S 管理

6S 就是整理（SEIRI）、整顿（SEITON）、清扫（SEISO）、清洁（SEIKETSU）、素养（SHITSUKE）、安全（SAFETY）六个项目，因均以"S"开头，简称 6S。

2.15　维修人为因素

是指航空器维修工作过程中，应当考虑人的行为能力和局限性对航空器或航空器部件的维修的有效性和安全性的影响，以及考虑人与其他因素的协调关系的基本原则。

2.16　通用工具

指航空器或航空器部件制造厂家（以下简称 OEM 厂家）没有推荐，或者仅提出了尺寸、精度和范围要求的工具设备。

2.17　专用工具

指航空器或航空器部件制造厂家技术文件中推荐的专门用于某航空器或航空器部件维修使用的，仅用于维修过程，而非用于确定航空器或航空器部件最终放行的工具设备。

2.18　四个意识五个到位

是指民航局对安全从业人员工作作风建设的相关要求。

四个意识：规章意识、举手意识、红线意识、风险意识。

五个到位：准备到位、施工到位、交接到位、测试到位、收尾到位。

3. 目的和适用范围

3.1　目的

为解决飞机维修项目世赛选手在工作行为素养方面的问题，依据民航标准并参考行业内企业员工生产方面的相关规章制度制定本规范。

3.2　适用范围

本规范规定了飞机维修项目世赛选手进入训练场地至离开训练场地期间应保持的与行为素养相关的状态。对于技术文件（工单、试题）中列举的操作步骤，若其与本规范有冲突，以技术文件为准。

4. 一般行为规范

4.1 工作现场整体管控

4.1.1

工作现场的管控遵循 6S 管理原则。对于参赛选手来说，进入工作场地后，应对环境卫生、工具器材摆放、各类区域标识、警告标识等进行确认，并在工作过程中持续保持现场的良好状态。

4.1.2

现场工具的放置应遵循取用后归位的原则。即在完成工具选用后，在工作台指定区域放置工具。在工作过程中，应尽量保证工具使用完后，放置回原位，保证工具区域内无杂乱现象。

严禁将工具、杂物放置在施工区域内和地面。

4.1.3

耗材的使用，应尽量做到取多少用多少，不在工作台上放置多余的耗材。

4.1.4

工作过程中产生的废弃物，应当及时分类处理，禁止放置在工作台上。

4.1.5

工作台、场地、工具、设备等应在完成工作时及时进行整体的清点、清洁。其中工具的清点应执行"三清点"。

4.1.6

现场管控的相关工作，应做到动作麻利，不拖沓。

4.2 安全防护

4.2.1

对于飞机维修项目而言，其各个模块工作都具有一定的危险性，进入场地前应确认工装、工鞋、手套穿戴正常。

4.2.2

在操作机械作动设备时，应小心谨慎操作，避免造成机械伤害。

4.2.3

对于其他类型的劳动防护用品详见各项目章节。

4.3 工具、量具的使用

4.3.1

工具使用前应检查其完整性、结构的可靠性，识别其危险部位。禁止对任何工具拿起就用。

4.3.2

量具使用前，应阅读／查看其说明书、标牌、有效性等信息，检查其完整性、结构的可靠性，识别其危险部位。通常情况下，量具使用后，在下一步施工步骤之前应该恢复其初始状态。

4.3.3

对比赛项目使用的工具应熟悉后再使用并采用正确的方式，例如，禁止将一字螺刀用作撬棍。

4.3.4

对安装有防护装置的设备、工具，检查其防护设备的可靠性。

4.3.5

任何工具包含通用、专用、量具在项目工作完成前需完成一般清洁工作。

4.4 维修记录、维修证明文件、工卡的填写

Note

本章节中，维修记录、证明文件、工卡代指一切需要签署和填写的维修技术文件。

4.4.1

维修记录应用黑色或蓝色墨水笔（或圆珠笔）填写，字迹工整、清晰。

4.4.2

填写维修记录应使用描述或说明性语言，内容明确，不应使用模棱两可的词语。

4.4.3

无须填写或不适用的记录栏目应用斜杠划掉，或写明"不适用"。

4.4.4

维修记录填写后不应涂改。如需要更改应经授权人签署后（报裁判），用单横线将其划掉，在附近重新填写正确内容，并签署姓名和日期。

4.4.5

维修记录中不应填写与工作无关的内容。

4.4.6

内容分项的工作单应按工作进行的顺序逐项签署。

4.4.7

工作单应在工作现场填写或签署，禁止在工作结束后逐项签署。

4.4.8

填写工作内容（检查、排故、测试、损伤报告等），应写明所做工作及工作依据的文件。

4.5 飞机维修职业作风素养

4.5.1

职业作风及素养方面，在比赛／训练过程中，整体以局方提出的四个意识、五个到位为指导。

4.5.2

建立规章意识，梳理遵章守纪的"底线"思维。

Note

比赛过程中使用的各类技术文件就是"规章、纪律",其功能与运营飞机的法定适航文件类似。

4.5.3

建立红线意识,坚守诚实守信的"红线"意识。

4.5.4

训练/比赛中遇到异常情况要举手,遇到困难情况无法继续执行工作要举手,发现隐患、不符合项要举手。

4.5.5

建立风险意识,比赛/训练过程中,要及时认知工作的场景,识别控制已知风险,规避未知风险。

4.5.6

在比赛/训练的整个工作流程中,做到五个到位。

5. 各模块中行为规范举例

5.1 外场可更换单元(LRU)机械

5.1.1

施工过程中,全程正确佩戴护目镜。

5.1.2

拆下需要保护的部件时,及时做好部件保护。

5.1.3

及时按程序放置警示牌。

5.1.4

此项目需报告项目较多,遇见问题或与正常施工程序不符的情况,及时报告。

5.2 外场可更换单元(LRU)电气

5.2.1

线路检查过程中,正确使用现场提供的排故设备(如量线工具)。

5.2.2

焊接过程中正确使用防护装置或口罩。

5.2.3

线材的选取应做好用量的预估工作。

5.2.4

施工过程中,工卡程序描述带有相关技术文件索引的,及时查看技术文件(需教练确认)。

5.3　飞机结构修理模块

5.3.1

使用气钻制孔时，产生的金属屑需使用现场提供的专用清洁工具。

5.3.2

对表面质量有要求的工件，使用正确的表面保护设备。

5.3.3

使用锉修类工具时，应及时清理碎屑等杂物。

5.3.4

应依据技术文件要求的工序，对施工部件做最终处理和提交前的准备。

5.4　飞机初始绕机检查

5.4.1

严格执行工卡内容，对完成的子工序做标记。

5.4.2

检查飞机时，通过执行工卡工序来查找故障。严禁个人经验主义。

5.4.3

对飞机各检查区域，需要预估检查时间。

5.5　复合材料修理

5.5.1

全程正确使用劳动防护装置。

5.5.2

对穿戴防护服和护目镜带来的视线和行动方面的影响，需提前做出预判。

5.5.3

使用气动/电动旋转类工具打磨、镂铣的过程中，应做到手要稳、眼要准、心要静。

日期	开工清点		完工清点		开工清点		完工清点	
	清点时间	清点人	清点时间	清点人	清点时间	清点人	清点时间	清点人
实训结束时，组长复查组员工具清点情况并签字					组长：			

参考文献

［1］《职业技能培训 MES 系列教材》编委会. 铆装钳工技能［M］. 北京：航空工业出版社，2008.

［2］任仁良. 维修基本技能［M］. 北京：清华大学出版社，2010.

［3］孟忠文，卿光辉，邢瑞山. 飞机结构修理［M］. 北京：中国民航出版社，2016.